來談談那些痛苦的事吧！

商務人士的父親為孩子所寫下的「工作本質」

Tsuyoshi Morioka
森岡 毅

陳亦苓——譯

悅知文化

一專文推薦一

丁菱娟　作家、新創及二代企業導師、資深公關人

台灣某雜誌曾經做過調查，發現Z世代普遍煩惱的事情，就是「迷惘」二字；不知道自己要什麼，也不知道自己可以做什麼。

森岡毅先生以自身在職場的智慧，提醒年輕人，及早發現自己、實踐自己是個重要的里程，也分享了許多寶貴的觀察和實證。

我本身也認爲職場上的競爭力就得看個人面對挑戰和挫折的能力。因此，森岡毅先生的提點是多麼重要啊！

吳若權 作家、企管顧問、節目主持

這是一本透過世代對話的成長之書。不但從職場到心靈，也從溝通到自省。雖然在不同時空，很多商業模式與工作性質都在改變，但面對困難與挫折時，所需要的勇氣與毅力，卻都是人性中共同的挑戰與學習。

如果能及早面對眞實的環境，並參考前輩的經驗與建議，相互激盪出智慧的法則，就能省去許多摸索與耗費，實現自己想要的人生。

浦孟涵　暢銷書作家、盛思整合傳播顧問集團創辦人

這是一本很讓人感動的書，在一封封信家書裡，總能輕易捕捉到字裡行間，父親對女兒深切的愛。

這是一本一針見血的書，作者毫不保留的點破了「人生而不平等」、「資本主義的本質」等許多職人用大半輩子忿忿不平換來的體悟。

這是一本你也應該讀一讀的書，它告訴我們，人生的選擇和答案，永遠要向內而不是向外尋找。

作者說，人要了解自己的優勢，「是茄子的話，就當個很棒的茄子！」我說：「人要懂得跟自己溝通，當個A版的自己！」

何則文　作家、青年職涯教練、人資經理

我們這一生都在不斷地找尋自己，到底自己適合做什麼樣的工作？想成爲怎樣的人？爲世界留下怎樣的影響？這些都是我們不斷在追尋的問題的解答。

這些年我收過很多年輕人的信，或者在演講後親自詢問我，大多是對未來的迷茫；而且不管讀怎樣的學校，參加過多少企業實習、社團參與、職涯探索活動等等，這些茫然似乎都存在在每一個年輕人心中。

但爲什麼會迷茫呢？其實很重要的一點，是因爲我們從小的教育，很少要孩子們思考「你想要成爲怎樣的人？」抑或是讓孩子去自尋「自身存在的價值」；進而往往在流水線式的教育體系中，期待產出一個個用成績量化的優良學生。

然而，在教科書外，那才是眞正的世界。只有眞正了解自己，也了解這個世界，我們才能爲兩者找到一個橋樑，找到屬於自己的人生目標。所以對於人生前途這問題的根本，其實不是當前全球或者國家的經濟社會局勢，也不再於自己是否有雄厚的家底支持，而是要找到屬於自己的核心價值。

我常常去很多高中、大學談青年職涯，告訴學子們要趁年輕時抓緊機會找到

屬於自己的方向。但其實，我自己也是大學畢業後，才開始思索人生應該怎麼走。因爲當時家境的關係，家中希望我可以擔任公務人員緩解家計，我也沒有特殊的想法，就這樣找到了一個中央機關的約聘職缺，邊當半個公務員，邊準備高考。可是過程中，我卻慢慢發現，公務員穩定安逸的生活，不是我想要的，對於可以預見的將來並不喜歡也不期待；我喜歡冒險挑戰，想追求的是各種可能性。

我慢慢開始思索自己是不是有其他可能性？是不是也應該追逐那個最適合自己內心聲音的機遇？就這樣，我開始把他人的眼光、外在的束縛給掙脫，重新發現我最想做的，其實是NGO，尤其跟教育議題相關的。不過，現實層面的考量，爲了家計我還是進入業界，但我選擇的是跟自己核心理念相近的人資領域；一個可以在企業內從事教育訓練，幫助他人成長的職能。而仍把這個利他的信念放在心中。後來的幾年，我很幸運的進入世界五百強企業，一年後從儲備幹部成爲人力資源主管，三年後又轉職到其他公司，不到三十歲就擔任人力資源經理，成爲一位著作數本暢銷書的作家，四處到企業、學校、機關等等演講，也買了屬於自己的房子，從一個家境貧困的叛逆少年扭轉自己的人生。

看似人人稱羨而成功的人生，我也知道自己遠遠仍有許多不足。一直期許自己的存在能夠賦予他人價值，帶給年輕朋友了解那自身與眾不同的可能性。而我卻有一個瓶頸，就是我畢竟仍是一個年輕人；剛滿三十歲的我，在動輒二、三十年才算有歷練的職場上仍屬於一個幼幼班。

然而，閱讀能讓我們補足自己經歷的不足，透過典範人物的經驗，我們可以用閱讀一本書的時間看盡一個名家淬鍊一生的經驗累積。很多時候，一本好書甚至可以影響我們一生的走向，讓我們少走很多冤枉路。

這本《來談談那些痛苦的事吧！商務人士的父親為孩子所寫下的「工作本質」》就可能是那本可以改變你人生的好書。當翻開這本寫給兒女的家書時，我也開啓了與自己對話的旅程，開始省思自己的過往，同時也在思索中更明確自己的信念跟方向。

這本書的作者森岡毅，是日本知名的企業高階經理跟行銷策略專家。在P&G跟環球影城這些世界首屈一指的企業組織內，他數次締造了驚人的經營奇蹟。他除了是職場能人外，也是一位溫柔的父親。當自己的女兒即將大學畢業走入職場，充滿了困惑跟迷茫的心，作為父親的森岡用自己30年來的經歷跟女兒分享這個世界的眞實。

打開這本書一頁頁的內容，看著作者談到的找到自己「軸心」、了解自我優勢、設定目標並執行，以及建構自我品牌化，這些都讓我十分驚嘆，心理驚喜到「竟然有跟我想法這麼相近的作者」。這些思維卻也是我不斷探索數年才慢慢體悟到；也就感歎著，要是當年初入職場時，就已經能看到這本書，想必我能省去許多摸索的過程吧。

在書中，最讓人感到親近的，是森岡用身爲一個普通父親的口吻，娓娓道來自己的人生經驗，就好像日本晨間劇一樣，從自己的一生中，爲年輕朋友帶來方向的指引。

「這世界很殘酷，但你確實還是可以自己作出選擇。」是森岡給女兒最強而有力的一個人生路標。

我相信每個年輕朋友，都可以透過這本《來談談那些痛苦的事吧！商務人士的父親爲孩子所寫下的「工作本質」》，找到屬於自己職涯最佳的選擇。

contents

【序言】

殘酷世界中的「希望」何在？

我們家有四個孩子，總是吵吵鬧鬧，一直以來，我都是過著宛如動物園般混亂的生活。最小的還在唸國中，大兒子即將升高中，第二個女兒已是大學生，而大女兒竟然已經快大學畢業了。

唉，我的孩子們終於也將一個接著一個離巢！一想到這個，就覺得好空虛、好寂寞……以往光是有哪個小孩因爲校外教學之類的活動不在，我就會突然覺得家裡變得很冷清，讓人受不了！更早以前到底是怎麼生活的？我已經記不得。在不久的將來，當孩子們全都離家，只有我和妻子兩人待在寧靜的家中，這日子是要怎麼過啊？那是個我完全無法想像的世界。

但……就和曾經的自己一樣，孩子離開父母展開旅程的那天必定會到來。孩子們是爲了在自己的世界翱翔而出生，不確實離巢就糟了。這道理我當然懂……

幾年前的一個週末下午——

「已經2年過去了。妳的大學生活只剩2年囉。大學畢業後妳打算做什麼？」

我對著在客廳滑手機的大女兒問道。

「欸？嗯……」

這問題一問出口，客廳的氣氛就明顯有了改變。

「我問的可不是找工作、唸研究所這些眼前的事。我想問的是，妳將來想做什麼樣的工作？」

「嗯……」

慢慢放下手機、把臉轉向我的女兒，只是一臉不知所措，什麼都沒說。

平常和這大女兒講話時，我們倆總是能迅速地一來一往，聊得十分開心。可是每次談到這話題，女兒就必定如石頭般不發一語。

我覺得這時絕不能自己接著講下去，於是便繼續忍耐。

「…………我也不知道我想做什麼！」

經過一段很長的沉默之後，女兒才緩緩地低聲說道。

好不容易贏了沉默忍耐大賽，愛女心切老爸的低落耐性卻早已逼近臨界點。

「那，妳覺得怎樣才能知道自己想做什麼呢？」

「嗯……」

我可以看出女兒的表情越來越僵硬。

「那個，我也不知道……」

唉呀，再這樣下去不行！又會陷入同樣的模式！明明就知道會這樣，爲什麼還要踩她的地雷？

「那，妳有沒有試著找誰談過？」

「……」

「這麼重要的事，心裡沒個底卻還放著不管，這是最糟糕的，妳知道吧？不知道就要採取不知道時該有的行動。妳有做過任何努力嗎？」

「……」

「持續一百年昨天和今天毫無差異的日子，這樣是解決不了問題的，妳知道吧？妳覺得該怎麼辦才好？」

「……」

就在越說越激動的我正打算繼續說下去時，女兒的眼神突然變得有些悲傷。

「這道理我知道啊，但……就是不知道自己想做什麼嘛……」

女兒說完，便離開了客廳。

唉，果然又是這樣的結局……

與沉默的戰爭永遠使人處於劣勢。只要遇到孩子的事，我總是不知不覺地就變得很激動。越是關心，就越容易像在吵架一樣。**想告訴孩子的事情像山一樣多，卻老是無法讓她好好聽進去。身為父親，能夠為她做的變得越來越有限……**

但就在這時候，傻老爸我動起了腦筋。真的沒有什麼我能做的了嗎？

女兒確實很煩惱，而我想我知道該如何讓她本人自行解開——那就是將我的「觀點（本人所能認知的世界）」系統化，以簡單易懂的文字寫出來。寫成文章的話，說的人和聽的人應該都能夠冷靜下來才對。

雖然每個人都必須自己找出屬於自己的答案，不過，**先具備在思考自己的未來及工作時該有的「概念（架構）」**，肯定是比較好的。簡言之，我就是打算寫**一本能在孩子們困惑於職涯判斷時有所助益的「祕笈」**。

從那時起，我便在工作的空檔、有靈感的晚上等時候，一點一滴地寫下來。轉眼間，持續寫了超過1年的「祕笈」已累積出相當分量。

某天，一位經常照顧我的編輯來我們辦公室拜訪。他是來催促我的新書進度，而我還在努力研究下一本著作的構想，心中尚未理出頭緒，也就是根本一個字都沒寫。

「您……該不會還沒開始動筆吧？」

他懷疑地看著我的眼睛。

「那個……進度不如預期。眞抱歉……不過，我倒是寫了這些……」

在迫不得已之下，我搬出了自己的「祕笈」。

「這些是爲了孩子們寫的東西，內容不太一樣就是了。」

「什麼嘛，明明就有在寫啊！請讓我拜讀一下。」

「可是，這是私領域的東西……」

一向我行我素的他把本子搶了過去，然後笑嘻嘻地拜讀了起來。讀著讀著，他的眼神變得越來越認眞，彷彿忘了眨眼般一直盯著手稿。他默默地讀著我的稿子，會議室裡變得一片靜悄悄。我在一旁無事可做，於是便先行離開。

過一會兒回到會議室，眼前的情況令我大吃一驚。

「很棒吔，這個……會讓人越讀越投入，到後半眞的感動到不行。」

平日不太顯露自身情緒的編輯，竟眼眶泛紅地讚嘆道。在讀完的手稿上，他留下了感動的淚痕。

「只做爲森岡家的傳家寶實在太浪費了，這應該要公諸於世！不只是森岡先生的孩子們，這肯定能成爲面臨求職的年輕世代，喔不，**是對所有煩惱於職涯發展的人都很有用的必備書籍！**」

說來，「Career」這個字本來就很難翻譯（在本書中譯爲「職涯」）。翻成「出人頭地」好像怪怪的，翻成「工作經歷」的話，對於以一生奉獻於單一公司爲美德的人來說，又變得難以理解。過去我就曾因「**別和公司結婚，要和職能結婚！**」這一主張，而在各大媒體上獲得迴響（批判？）。

對職涯的看法，人人不同，無論如何都容易引起反感，所以要明確地寫出「我相信這個！」需要相當的勇氣。更何況本書的手稿，是以森岡家內部使用爲前提所撰寫的，裡頭可是聚集了一大堆赤裸裸的眞心話啊。像是「人生而不平等」之類的論點，就這樣直接公諸於世眞的好嗎？我很猶豫。但最後，我們還是決定就走這樣血淋淋的路線。

從第1章到第6章爲止的內容，都來自我長期累積的手稿，原原本本、直截了當。其中只有第一人稱（本來是爸爸）及第二人稱（本來是女兒的名字）的稱呼做了部分修改，並將結構編輯得易於閱讀以利出版，其他基本上幾乎是一刀未剪。因此，雖然某些部分會出現很強烈的表達方式，也會有外人難以理解的代溝式比喩（像是《北斗神拳》的「死兆星」之類*）和例子，但爲了盡可能著重寫實性，我們仍決定讓大部分內容都保留原貌。因爲我覺得一旦將我的職涯理論調整、修飾得太過「客氣」，傳達力就會減弱。畢竟我不是以學者身分，也不是以名嘴或行銷專家立場，而是以父親的身分寫下這些手稿。

做為一名生存於企業最前線、實務經驗豐富的商界人士，我將自己獨特的觀點，用父親希望孩子成功的執著寫出來。我決定要相信，那樣的血淋淋正是本書最稀有的「特色」。因此，我預期這本書必定會引發讀者們前所未有的好惡分明，而我也衷心盼望本書獨特的「寫實性」，能爲更多讀者帶來良性刺激。

在此手稿的書寫上，我也保留了與以往著作相同的一致之處——那就是盡可能著重「**本質性**」。**看清現實並做出正確的選擇，人才得以接近目的**。因此，**重點就在於要釐清造就各種現實狀況的「結構」**。在職涯方面亦是如此，這點我有很深刻的體會。爲了在社會上取得成功，就必須做好準備並正視「結構」，從大方向確實掌握其本質才行。

在職涯的世界裡，也同樣充滿了因「結構」而產生的「殘酷現實」。這世界源自對造物者而言極爲單純的「平等精神」，但所產生的偏差對每個人來說卻極爲「不平等」。**造物者的真面目就是「機率」，儘管非常公平地以「隨機」方式分配事物，但結果卻有了「偏差」**。所以，造物者擲骰子的結果，有人享受三、四種幸運，也有人背負著三、四種不幸。這就是這世界的殘酷現實。

面對這樣的「殘酷世界」，自己該如何生存？所謂的職涯，正是每個人對此問題的答案。本書所論述的，無非是「如何更充分瞭解、更充分發揮取決於造物者骰子的『與生俱來的條件』，以達成各自的目的？」爲了讓我的孩子們理解，

＊注解：《北斗神拳》，為少年Jump全盛期的名作之一，是最知名肌肉系格鬥漫畫。「看啊！你的死兆星在天上閃耀。」為名台詞。漫畫中，傳聞能在空中看到死兆星的人，一年內就會死去，被視為上天對世紀末強者發出考驗的信號。

掌握自身「特質」、找出能將特質發揮爲優勢的「脈絡」，還有徹底發展「優勢」等爲何重要，而進行具體、詳盡的解說。

造物者的「隨機」結果，造就了眼睛看不到的內在「差異」更甚於外在的人類。自己的獨特先天特質，加上培育自己的特有後天環境，這些組合創造出世上獨一無二的「自己」。再怎麼呼天搶地，也無法明顯改變這些特質，既然如此，那就接受過去已經擲出的骰子，向前看。別再跟別人比較然後在那裡自卑自憐了，能夠改變的只有未來！

那麼，希望在哪裡？最大的希望就在於「即使如此，你仍有選擇」。不論與生俱來的特質爲何，也不論人生的目的、通往目的之路徑爲何，其實**只有自己掌握了可控制自己人生的「選項」**。

而我誠摯地希望，能有更多人意識到這件事。

比起50年前、20年前，現在的社會有更多樣化的各種生存方式可選擇。清一色只有母國企業可選的時代、幾乎沒有轉職市場的時代、甚至還曾有過女性連一般非專業職都無法選擇的時代。即使是和我這個世代的人相比，現在的人有更多選擇。除了職能外，業務類型、工作型態，還有創業等，工作方式的選項今後想必只會更加多元。

我知道其實對大多數人來說，不用做選擇反而比較輕鬆，感覺比較好。但在這全球相連的時代，已不再容許這種狀態的存在。而多樣化的選擇，也無可避免地會導致更進一步的多樣化。因此，**「有選擇的人」才能夠加速前往更有利於發展職涯的時代。**

我們是否過著有如「水母」般的人生？世界的浪潮很快就會吞噬被動地活著的大多數人。若不好好守住自己，不論是誰，都會立刻被影響、被世界的潮流給沖走。有些人就算自以爲在處理每個課題時都很拼命，但實際上也只是在隨波逐流。由於沒有明確的意志，所以無法在潮流之中自由游動。若經過了10年、15年，看見過去認識的人變成能在潮流之中敏捷移動的魚，你還能夠滿足於自己的水母人生嗎？

我們是否太倚賴「手扶梯」了？只要眼前有手扶梯，就不知不覺地想站上去，因爲感覺比爬樓梯輕鬆得多。可是手扶梯這種東西一旦站上去，就只能沿著固定的軌道到達終點，無法自由移動。前方擠滿了大叔們的背影，排成一直線，後頭則有後輩們以怨恨的眼神看著你，被夾在中間成了三明治，動彈不得，也不覺得自己有辦法下得來。本來眞的不喜歡就該離開，但多數人卻都沒做出這種選擇，就一直留在手扶梯上。儘管這樣的手扶梯其實常常無法讓人搭乘至終點，但除非是被「叫下來」，很多人仍不會選擇自己主動下來。

明明「已經做了選擇」，現在也還「能夠選擇」，可是很多人就是不願選擇。這原因就在於，上帝只給了人「選擇的骰子」，但人們卻沒意識到。畢竟人

無法選擇不在腦袋裡的選項。

不過，如果你選了自己喜歡的，那麼興奮、期待、讓人陶醉的成就感，以及令人想大叫的激動情緒，便會一次又一次地包圍著你。**那種亢奮與感動，正是所謂的「工作價值」，人不就是為了嚐到那種滋味才誕生在這世上。**我是這麼想的。

正因爲是貢獻了人生最充實的幾十年的職涯，反正都要工作了，難道不會想選擇「有價值」的路嗎?認同這想法的人，就該選擇這樣的路；還沒這麼選的人，就再重選一次！如果第一間公司失敗了，那就再選第二間！本書就是爲此而生的指南。

眞心希望有更多人閱讀本書，**一直確認都在手中的那「選擇的骰子」的觸感**。我想讓孩子理解的，想告訴各位的，就是這個。

這世界很殘酷，但你確實還是能夠自己做選擇！

這一切都是爲了讓你找到屬於自己的路。

但願本書能夠助你一臂之力。

森岡 毅

第 1 章

給不知自己想做什麼而煩惱不已的你

你覺得，爲什麼人會不知道自己想做什麼呢？

不知自己想做什麼工作而煩惱不已的人，眞的非常多。其實，很多人即使出了社會，也還是沒能擺脫這樣的煩惱。

你是否從小就曾感覺到不安與焦慮？而且覺得思考這件事本身好沉重？自己適合什麼、做什麼工作會成功等，這些事情不論過了多久都不會變得清楚明確。看著同齡的傑出棒球選手或奧運得獎選手等天賦異稟的人，你一定也曾羨慕過不需要煩惱出路的他們吧。

若是像他們那麼黑白分明還比較好，雖然多少感覺得到自己這裡白一點那裡黑一點，但越是思考自己的各種條件，就越覺得漸漸全都灰了起來。而且，如果不是太講究的話，你只要肯做，大部分的事情都做得來，於是就更加深了這種灰色的煩惱。明明不該悲觀地懷疑這樣的自己「平庸而不上不下」，應該要樂觀地理解爲「什麼都能做」，但無論如何焦慮就是會跑在前頭。

上了大學後，原本一心以為即將進入社會時自然就能看出自己該走的路，萬萬沒想到事情竟然完全不是這樣！試圖努力成爲一名求職者，卻對完全搞不清楚想做什麼的自己感到萬分焦急。眼看著周圍有些人似乎已經很清楚自己要走的路，結果焦躁的情緒便又持續升高。其實已經連「求職」兩字都不想看到，一想到這件事，心情就變得好沉重。雖然覺得自己這樣什麼都不確定，實在很不妙，卻還是只有時間無情地不斷前進，被洪流吞沒的自己，只能硬著頭皮衝進求職前線……

現在的你，應該就處於這種情況吧？

我引以爲傲的女兒，那個曾經的小傢伙終於要出社會了。展開翅膀，即將飛往自己的世界！很抱歉讓你這麼憂慮。不過在離巢前，你一路成長，一邊對廣闊的世界感到困惑，一邊很認眞地思考著、煩惱著該往東西南北哪個方向飛的那眼神，令我感到很開心，也很放心。現在，你也走到了這一步了。站在人生的十字路口，跨出第一步的「擲骰子」時刻終於到來！

看來我能爲你做的，似乎也不多了。儘管這一事實是如此令人落寞，但畢竟你是爲了在自己的世界裡翱翔而生；所以比誰都更希望你幸福的我，想要竭盡全力爲你送行。

眞不好意思到最後都還這麼多管閒事，但我想把可能對你有幫助的個人「累積」整理並寫下，以做爲你的臨別禮物。走過二十幾年的職業生涯，我看過許許多多的求職與徵才活動，在我的觀點之中（本人所認知的世界），一定有一些是對你有用的，也有一些可能派不上用場。正因爲對你的智力毫無疑慮，所以我能夠認眞的把自己所相信的都寫出來，希望你能夠自己仔細思考，並做出取捨。

我從沒想過要逼你走上與我類似的人生道路，單純只希望能爲你提供解決困擾及尋找答案的建議，好讓面對煩惱的你，能尋找到自己即將踏上的那條寬廣而筆直的道路。

你的骰子只有你能擲出。而寫下這些，就只是希望**你擲出的點數，會是「對你自己來說，可以接受的選擇」。**

為什麼會不知道自己想做什麼呢？

爲什麼人會不知道自己想做什麼呢？是因爲不知道有什麼可選、不知道有哪些選項，所以才不知道自己想做什麼嗎？換言之，是因爲不清楚社會上有哪些可能的職業選擇，所以無法得知自己想做什麼嗎？

的確，在某個程度上若不知道自己可以有哪些選擇，就無法做出最終抉擇。但我相信，多數人煩惱的根本原因都不在此。

假設，有時間讓你把存在於這世上的所有職業選擇都放進腦袋裡，然後依據興趣選出數百個，藉此瞭解自己的求職性向的話，你就能找出自己想做的事了嗎？我不這麼認爲，你肯定只會更困惑、更煩惱。

不只是求職或轉職，在挑商品、選結婚對象時也是一樣，選擇太多反而麻煩，對人類來說是一種壓力。這是大腦結構的問題，所以千眞萬確。在判斷上，負擔會以加乘方式增加，使煩惱帶來的壓力變得更爲強烈。

換言之，你煩惱的根源，並不在於不知道有哪些選擇。問題的本質，不是你還沒有很瞭解這個世界，若你能意識到其實是自己並不很瞭解自己，那麼通往解決方案的大門應該就會開啓。

問題的根本不在外部，而是在你的內部。之所以找不到想做的事，是因為自己的內在缺乏「軸心」。而沒有軸心的原因在於，直到你擲出求職的骰子這個時

間點為止，你並沒有做出足夠的努力來充分瞭解自己。

若自己的內在沒有做為基準的「軸心」存在，你想做的事就不可能出現，也無從選擇。如果根本沒有評分標準，那麼就算被人問到你想要怎麼表現，或是被要求對眼前的表現好壞做出判斷，你也無法有任何反應，簡直就是一種「不可能破關的遊戲」。

眼前的蘋果和橘子可以隨便挑，但對人生影響不小的職業可不能隨便。因此，人在面臨重大選擇時，缺乏「軸心」這件事本身，就會成爲痛苦的一大原因。

關於「軸心」，爲了讓你能有一些更具體的想像，我盡量舉幾個簡單易懂的例子試試。

對某個人來說，軸心可能是「能夠在本地安穩地生活」；而對另一個人來說，或許是「容易學到想獲得的技能」。有的人就是追求「終身年收入盡可能越高越好」；也有人是「喜歡車子所以無論如何都想進入汽車業」之類，以對具體產品或行業的強烈意向爲軸心。其他還可能有「想找到有利於女性工作的企業」、「想進入未來會成爲大企業的公司（高速成長的企業）」，甚至是「想進入對自己評價最高的公司」等，各式各樣的定義都有。實際上，**一個人重視的軸心不會只有一個，多半都有好幾個，於是組合起來又變得更多樣**。

以我自己畢業求職的時代爲例，當時我是以「①可獲得經營管理者所需之技能、②成長速度快」這兩者爲軸心來思考。因爲我對於行業及產品等並不在意，所以最後階段是苦惱於該選某銀行、某貿易公司，還是P&G。每個人重視的東西都不一樣，故這個軸心當然也就因人而異。

接下來，我要爲你寫的內容，將整合一些必要觀點，好讓你能以自己的方式思考，並形成你自己的「軸心」。在思考自己的職涯時，該考量的點（可爲軸心的元素）相當多。

我所寫的，有些是透過自己的成功或失敗而體驗到的，有些是藉由周遭的所見所聞而得知，也有一些是在錯過之後才注意到的痛切遺憾。但即使知道了這些，重點還是在於必須思考對自己來說哪些比較重要，要依狀況盡全力釐清屬於自己的先後順序。而當然，在你的世界裡，這件事只有你能做。

終究，只能由你本人盡全力以自己現在的價值觀來決定「軸心」。而不論是那價值觀還是軸心，都可能在不久的將來，在你經歷過各式各樣的事物後有所變化。喔不，是肯定會有所變化。沒關係，這無所謂。當你的價值觀有所變化時，就再依據該時間點自己的最佳軸心來更新職涯即可。

我認為，幾乎沒有人是從頭到尾沿著不變的單一價值觀與軸心，度過未曾動搖的職涯。最重要的東西有時會隨著經驗、隨著人生階段而不斷修正，所以完全不必害怕未來自己的「軸心」會改變。

如果已經充分傾聽了自己內在的聲音、尋找了自己的軸心，卻還是找不到真正的軸心怎麼辦？

這無非就是選什麼都行的狀態。若自己內心不具有選擇軸心，就可以自由地挑選，選什麼都對。在這種狀態下就別煩惱了，速速「抽籤」決定出路即可！這並不是在放棄陷入煩惱的人，而是事情確實如此。**如果真的沒有軸心，所有選擇都會是正確答案，所以完全不必煩惱**。

「抽籤」這一說法，是我當年畢業求職時，實際出自恩師之口的話。即將畢業在找工作時，我苦惱著不知如何從貿易公司、取得內定*的銀行，以及P&G

之間做出決擇，於是打了通電話給對我照顧甚多的田村正紀教授，結果老師只說了句：「那就抽籤決定吧！」

一開始聽到還有點不爽，但當我意識到老師其實是點出了我內心的選擇軸心並不明確一事，才終於恍然大悟。於是我停止對具體公司名稱的一切憂慮，重新專心思考，對自己來說應重視的選擇「軸心」爲何?最後，我決定出最在意的是「成長的速度（能在年輕時經驗到的質與量）」，因而選擇了P&G。

基本上，**你該煩惱的不是具體的公司、企業；你最該優先煩惱的，而且要專心、徹底地想清楚的，是在職涯上自己所應重視的「軸心」**。軸心越是明確，想磨練哪種職能、想要去哪個業界或企業工作等部分，就越能夠順理成章地確定。而最終的選擇，只要聚焦於判斷已獲得內定的選擇中，最符合軸心的是哪一個就行了。

人的時間及精力、意志力有限，求職時不可能逛遍所有業界與公司，難分軒輊的A公司與B公司，恰巧在同一時間面試這種事也經常發生。**先確定「軸心」，無非就是在建立有利於在求職前線中勝出的策略**。

＊注解：日本學生會在畢業前開始求職，而在學時即獲得公司承諾，於畢業後予以雇用，就叫「內定」。

「畢竟沒經驗，再怎麼想也沒用」的說法是錯的！

對自己的瞭解程度，英文說成Self Awareness。我認爲目前社會所面臨的最大課題之一，就是要增加具有較強的Self Awareness的孩子。

明明從進入小學直到大學畢業爲止共有足足16年的時光，我們的教育卻幾乎沒讓孩子們思考過，自己是什麼樣的人、有哪些特質、哪些時候會感到快樂、想做什麼樣的工作、想過著怎樣的人生之類的事情。即使是高中要選文組或理組時，也都跳過探究自身內在的過程，直接半自動地取決於當時的學科成績。該進哪間大學或科系，基本上也沒那麼煩惱，就依據考試通過與否及偏差值*等社會評價和市場看法，而被動地確定了。結果便是很多人都在Self Awareness尚未成熟、沒有自己的軸心的狀態下，展開求職活動。

以這種方式長大的許多大人，有不少都覺得「還不瞭解社會，又沒有工作經驗，沒道理想得出來自己的優勢及軸心到底是什麼。所以根本不用想這些，總之，先進了可紮實地累積經驗的公司好好工作，漸漸就會知道了」。這樣的大人很愚蠢，而且不負責任。他們不懂年輕人Self Awareness低落的煩惱，甚至應該說，他們可能根本不懂所謂「知道、瞭解」的本質？

「畢竟沒經驗，再怎麼想也沒用」的說法是錯的。相反地，就是因為沒有認真想過，所以無法累積經驗。

所謂的「知道、瞭解」，是指懂得原本不理解的事物。亦即能以自己的方式認同經思考就能瞭解，與再怎麼思考都無法理解的分界在哪裡。只要以自己的方式用腦想，便會知道對自己而言，無法理解的領域大概在哪裡，也能知道自己不理解的程度有多高（≒**能夠抓到感覺**）。此外，也可以知道懂得哪些事情或許就能辦到（≒**能夠想像**）。甚至，能夠爲了得到某些東西，以自己的方式採取行動，故即使沒能解決自己的不理解，至少也會知道如何以最好的方式來面對事情（≒**能夠接受**）。既然不懂，就表示「（應該）已經做到自己能做的」，而這能爲心靈帶來安穩感。

換言之，**你的焦慮是來自於一直把不知道的事情放著不管的「心虛」**。當一

＊注解：日本的一種學力評估系統，類似成績排名，偏差值越高，表示成績越好，排名越前面。

個人站在無邊無際的黑暗之中，即使告訴他「沒關係，總之就先跳進去。」對該本人來說，根本不可能會覺得沒關係。若能用自己的眼睛好好觀察這片黑暗，就會注意到一些似乎可成爲線索的立足點，以及自己也瞭解的明亮處所。唯有這樣想過之後，自己與煩惱同在的心靈才會穩定下來。**一旦能以自己的方式理解煩惱的面貌，即使煩惱本身並未消失，也能夠習慣由煩惱所產生出來的壓力**。反正不管怎樣，時候到了還是非跳不可，所以在那之前完全不去思考可說是一點好處也沒有。

Self Awareness這種東西，什麼時候都可以想，沒有太早或太晚的問題。可是我們一般沒有這種習慣，而這種事應該要從小就經常思考。如果能認知到相信「畢竟沒經驗，所以再怎麼想也沒用」的愚蠢說法，以及直到求職爲止都怠於解決煩惱所欠下的債務正是痛苦的成因，應該就能理解現在不去想，這債務只會越滾越大。

不論到了幾歲，只要是希望自己幸福快樂，就非得提升Self Awareness不可，所以還是早點習慣比較好。

你的寶物是什麼？

現在讓我們暫且離開「軸心」的話題，也不跟別人比較，試著聚焦於自己本身，聆聽自己「內在的聲音」。

認眞想想，我們不論是在家裡、在學校，還是在社會上，總會被拿來和除了自己以外的人比較。而最悲哀的是，往往自己本身比誰都更愛與他人比較。只強調與他人之間相對比較的人生，會逐漸在自己心中成爲一種習慣，以優越感及自卑感爲燃料的生存方式，會漸漸變得理所當然，結果便是造就了無數多看不見自己內在「寶物」的人們。

光是活了二十幾年，你就該意識到自己至今為止的人生已是一大成功。所以請以自己是成功人士爲前提來思考，因爲這是事實。雖然我知道你很不喜歡我一天到晚拿數據來說嘴，但你要知道，人超越生產分娩這一試煉後，能夠活到22歲的機率是99％。很不幸地，每100人裡就有一人已經死亡，更別說同年齡的人能夠像你這樣一路唸到大學還有機會爲求職而煩惱的，只有不到一半的47％。以全世界來說，不論存活率還是升學率，可都是比日本要低得多。你的確是個很幸運又具天賦，才得以生存至今的成功人士，這是個不爭的事實。

請先大口呼吸，讓緊繃的肩頭放鬆下來。有些東西是從肯定現在的自己開始就能看得見的，讓我們來仔細想想。**成功必定是產生自人的優勢，絕不會是來自弱點。而造就了該成功的優勢，就是你的「寶物」**。那麼，在至今爲止的二十幾年裡，一路支持著成功的你的「寶物」是什麼呢？

每個人都有「寶物」，因爲自己的寶物並不是與他人比較的結果。當你肯定現在的自己時，於自身內在所創造出現下的相對特質（≠優勢），就是所謂的寶物。所有特質都可能成爲寶物，而完全不具任何特質這件事，也是一種極爲稀有的特質。換言之，沒有人是沒有特質的。舉例來說，有的人擁有「很快就能跟別人打成一片」的寶物，有的人則擁有「能夠堅持不懈地努力」的寶物。

同樣的特質會成為「寶物」還是弱點，是取決於情境。被批評爲「白目！不懂察言觀色」的人，其同一特質在不同的情境中，有可能成爲所謂「不隨波逐流，能夠堅守自我主張」的寶物。一度肯定自己的一切，同時尋找做爲自身特質的顯著突出之處是很重要的。不論膽小鬼還是精神病患，依情境不同，也都有可能成爲寶物。反之，突出的部分也可能因情境不同而變成下凹的缺陷，故必須小心才行。像「愛講話」這種特質，或許就不利於在身心科需要認真傾聽他人煩惱的情境中發揮作用。

也就是說，**所謂的職涯策略，就是為了達成該本人的目的，而瞭解該本人擁有的「特質」，然後尋找並探索在哪些情境中該特質能夠成為優勢，思考其取勝之道。**

那麼，你的狀況又是怎樣的呢？跟你相處了二十幾年的我認爲（別害羞，最好也能和除了我之外，其他也很瞭解你的人，一起尋找你的寶物），你這個人應該是「擅長思考」的。到目前爲止，你是靠著能夠腳踏實地努力的才能而成功的嗎？我不這麼認爲。你應該是比較偏好，以盡可能較少的努力，做出較大的成果才對吧？而閃耀在這背後的，就是你的寶物之一。

至今爲止，學生時代的你，周遭想必也曾有很多跟你一樣，或是在你看來比自己更「擅長思考」的人，這或許會讓你變得無法清楚看見自己的寶物。不過，這項尋寶遊戲的規則，不是要和外界比較，而是要跟自己一較長短。一旦尋找到突出特質，我想「擅長思考」終究對你來說，是一個非常重要的「寶物」。

我希望你能好好思考，對你來說，**人生的時間運用中，還有比拼命琢磨這寶物更重要的事嗎？**若是相信發揮自身特質以獲得幸福快樂，那就必須以琢磨寶物爲最重要任務。經正確琢磨的寶物可成爲武器，但實際上有在琢磨的人卻是極少數，因爲絕大多數人連自己的寶物是什麼都毫無自覺。**未能認知的寶物就無法運用，也不可能琢磨；而這點的領悟與否，會在漫長的職涯中產生出決定性的差異。**有做到的人，其職涯的成功機率，會隨著歲月的累積不斷提升。

所謂琢磨寶物，到底是什麼意思？我的確說過，於自己的內在尋找特質並不是要與他人比較；然而，社會評價終究是由除自己之外的人來做的。在社會上，等著你的是採取相對評價的冷酷世界。你的社會評價（來自公司內部、業界及世間的評價），將決定你活躍的舞台，以及經濟上的回報。就資本主義社會而言，這是無法擺脫的一大規則，你終究會被拿來與擁有類似優勢的人比較，所以必須顯得較出色才行，非得要極度努力地琢磨寶物不可。

我覺得ＳＭＡＰ的暢銷金曲《世界上唯一的花》的歌詞只寫對了一半。每個人確實都是「本來就很特別的Only one」，但若考量到職涯，我們還必須具備也很重要的另一半觀點——那就是，綻放在花店裡的美麗花朵，各個都是相對勝出的明星，而實際上在它們勝出之前，有很多花朵已經被拔除，或是因無法商品化而被丟棄。

別忘了所謂的「唯一」，指的正是在某些情境下的「第一」。不論是花還是人，若無法於相對競爭中在某個程度上勝出的話，就會變成是賣不出去的商品或勞動力。

沒有哪個人是在自己所選的環境中，即使不努力追求第一、也本來就是最特別的唯一。你必須把寶物一磨再磨，磨個不停，以逐漸接近自己的目的。而在那樣的競爭之中，任何人都逃不過頻繁發生的失敗、挫折及沮喪。曾經失敗沒關係，但長遠看來，還是必須要在競爭中勝出才行。

最後，我要再講一件有點矛盾的事。當你終於能夠好好地進行這樣的寶物琢磨競賽時，你一定會體悟到——**其實自己真正的競爭對手並不是別人，而是存在於自己內心中，總是想往輕鬆、安穩且安全的方向去的自保本能。**

我可以預言，繞了一圈後，終有一天，你會理解聆聽自己內在的聲音——即你的「軸心」和「寶物」——遠比和他人的競爭更重要。

別和公司結婚，要和職能結婚！

在職涯的發展方式上，我強烈建議你要倚賴自身技能（職能），而不要倚賴公司。就如字面意義，畢竟是要求「職」而不是求「公司」。對個人來說，公司是獲取職能的一種手段。首先，務必要認眞觀察自己的寶物，要弄清楚自己身爲專業所該取得的職能爲何？

而職能遠比公司重要的理由主要有二：

第一個理由，不管你再怎麼迷戀公司而想和公司結婚，公司無論如何都沒辦法跟你結婚。公司的存在與你想達成的意圖無利害關係，故你的感情將會是永恆的單戀。公司會依自己的方便而把你踢掉，它本身也可能消失，或者被併購而導致企業文化大變，這些都很常見。任何公司即使現在看起來很穩定，也無法保證10年後、20年後會變成怎樣。**你必須思考，不論公司如何，自己都能自在地生存下去的前提為何。**

第二個理由，**技能（職能）才是相對最能夠保有的個人財產**。房子可能被燒掉，金錢可能被偷走，就連配偶也可能因離婚或意外事故、疾病而失去。唯有在你腦袋裡不斷累積的「能力」，只要你還健康，就會一直陪伴著你，爲你產出生活的食糧，讓你得以餬口維生。過去的學生生活所培養出的教養與知性，可說就是今後你將獲取職能專業性的基礎。這些學來的能力，才是你最重要的資產。當然，職能也非永恆不朽，但只要能夠與時俱進地勤於更新的話，必定能成爲你最持久、最可靠的武器。

有些人會擔心，AI一旦普及並流行起來，許多技能就會變得無用且過時，那麼「在未來，與職能結婚眞的行得通嗎？」我想反問這些人：「那有其他更可靠的結婚對象可選嗎？」

AI的興起，雖然拋出了該選哪種技能的議題，但並未否定「技能」本身的意義。因爲其實在AI時代，「技能的磨練」只會變得越來越重要；這意味著，AI將會把不好好培養能力、只是悠哉過日的吊兒郎噹「蹺班族」給精簡掉。

能力越差的人，就越會過度恐懼AI。前一陣子有人一臉正經地宣告，即使是行銷人也會被AI取代的時代即將到來。由於我就是運用人工智慧來進行行銷研究的罪魁禍首，所以必須跳出來解釋一下。會因爲AI而過時的行銷人，想必也做不好今日的行銷工作吧。

你可以把AI想成是具有學習功能的計算機，它擅長的是針對已決定的目的，自行從過去的累積中蒐集資訊，估算各種選項後，不帶偏見地提出。

就行銷來說，以往曾有人做過的資料收集和趨勢分析之類的C級或B級工作，應該是能夠替代的。像是從媒體資料中，抽出相關欄位並計算標準差，然後直接提出有哪些顯著變化之類的工作，應該不再是由人來做，而會由AI負責。用做菜來比喻的話，AI搶走的是事前準備的工作；削馬鈴薯皮、洗盤子等固然也很重要，但AI做起來更迅速正確而且還不會抱怨，所以更爲優秀。

可是AI無法處理A級的分析工作。這是因爲儘管能做驗證假設的準備工作，但不具自主意志，故不論好壞都不爲所動的AI，並不擅長提出假設。因此，AI無法創造不在過去延長線上的未來。再加上，AI也不擅長處理能讓人類滿足的**情緒**

性「感受」，所以AI演的戲肯定很難讓人感動。

不論是創建突破性的策略、還是創造極致的滿足感，一個像樣的行銷人所做的工作，只有累積該種技能的人才做得到。在創造性的智慧、人際往來、高度的社會性判斷等部分，AI都處於劣勢。而這些技能的需求一般來說，應該都還會存在，不僅限於行銷領域，管理決策就不用說了，還有像是業務銷售技巧、人事處理技能、金融技能、與談判有關的技能、企劃、會計、財務等，基本上，商業上的必要領域大概都還會是由人來做，只不過「準備工作」的部分風險較高。這是我現在的預測，希望20年後由你來驗證答案的正確與否。

這就是爲什麼往後的時代，AI越是流行，「技能的磨練」反而會變得更重要。如果只具備半調子的技能，就可能被AI搶走工作，這結構和過去自動化機器人大量搶走單純勞動者的工作相當類似。

會被精簡化、也就是會被裁掉的，是沒有用大腦發揮創意的工作。在你們的時代，若能認知到白領領域也可能因機械化而被精簡，應該就能從現在開始爲這樣的變化做好準備。

看看現在的社會，明明聽見了這樣的時代腳步聲，卻還是充滿少了公司招牌就無法工作的人，以及不具備在公司之外也通用的技能而爲公司所恣意利用的人。這些人應是爲了求安穩而一直不換工作，但人生卻反而一天比一天背負起更大的風險。這點，到底有多少人注意到呢？時間拉得越長，被公司拋棄的風險就越高，而人就越會深信自己不在組織的保護之下將無法生存（但實際上並非如此，即使被裁員，大多數人依舊活得好好的，別擔心！）

如果公司能夠持續經營，自己的職位也能保住，直到最後待遇都很令人滿意的話，當然也是好事一樁。他們那一代人或許躲得掉，但即使成功躲過了，那樣的人生對你來說是有吸引力的嗎？就算發生了某些事而讓人很難繼續在公司待下去；就算一直做著感覺不到意義的工作；就算除公事外，講話也都不能暢所欲言而必須顧東顧西；就算不講理上司的命令和複雜的人際關係，逼得人精神瀕臨崩潰。那也是一種爲了生活，忍耐已成爲預設選項的人生。有些人並不介意，但以我的個性來說這很痛苦，那你呢？

培養技能，是一種與此完全相反的生活方式。**只要取得充足的專業技能，主**

導權就會轉移到你身上。做為發展自身技能的舞台，你將能夠選擇公司。人不只有爲了提升技能或提高薪資時才必須換工作；如果另一半被公司轉調至不同地點，你也能在新地點選擇可發揮自身技能的工作；因產假或育嬰假而想調整工作量的時候，想必也能有較自由、較多的選擇。

雖說與公司結婚，應該也還是能學到一些技能，但比起以獲取技能爲目的的做法，取得的速度和所能達到的程度都完全不同。你的時間、意志力和體力全都有限，在漫長的歲月中，將這些平均分散在公司所指派的工作上，經過5年、10年後，你眞能成爲某方面的專業嗎？到時就算你能說出「我在哪裡任職」，但眞能說得出「我能做什麼」嗎？

在AI時代更是如此。公司將成爲比現在更靠不住的結婚對象，**公司中的必要人力都集中於難以替代的技能**。時代會變得比今日更爲嚴峻。儘管這個時機點的到來會因業界及企業而不同，但AI所導致的人力精簡，無可避免地會在你們的時代發生，畢竟資本家理當選擇更便宜且優秀的勞動力。

若是如此，在兩極化日益加劇的社會上，區分了職涯的明與暗的到底是什麼？我認爲更勝以往地，正是「**技能**」。

別擔心，除了錯的之外，其他全都是對的！

有些話，我想在本章的最後談一談，而我深信這適用於所有的求職及轉職活動。我希望你記住，對你來說，**職涯的正確答案有很多**，在職能的選擇上亦然，在選擇就職的公司方面更是如此。

甚至，與其說正確答案很多，想成幾乎都是正確答案或許更好。雖有少數選項是錯的，萬萬選不得，但除此之外全都是正確答案。萬一第一間公司失敗了，那就再選第二間即可。所以，先放輕鬆，不用緊張。

所謂求職活動，彷彿就像是在尋找位於某處的唯一正確答案，如果沒能找到，人生便會嚴重慘敗。你是否也有這樣揮之不去的憂慮？你是否以爲自己必須找出在某個角落，有個適合自己的職能或公司，其中有著能幫自己打開眼界的上司及同事之類那種「命中注定」的唯一正解？

但其實不論是出社會還是找工作，根本完全都不是這麼一回事兒。

雖說能不能認知得到也是個問題，不過，你本來就已經具備某些特質。而所謂能夠發揮特質的情境（≠環境），眞的是多得不得了。例如：A先生活力充沛，他的寶物是即使處境艱難也能持續挑戰的無比幹勁，像這樣的人要找到一個此特質無法成爲優勢的職能或職場，我想應該是相當困難的。而以思考力爲寶物的B小姐，只要能避開「不可認眞思考／一旦深思熟慮就虧大了的特殊環境」，其寶物肯定會非常有用。只要以自己的方式找出重視該特質、能進一步發揮其作用的職能，以及似乎能獲取該職能的公司就行了。B小姐只要找幾個不問性別年齡，能夠討論「什麼是對的」而非「誰是對的」的公司即可，別去找那些不分青紅皀白總之服從上頭的公司，或是講話大聲就能贏的公司。

那麼，怎樣叫錯？**所謂的錯，是指找了個對自己來說肯定不合適的工作。**對自己來說肯定不合適的工作，究竟是怎樣的工作呢？就是「自己的特質會導致反效果」以及「對自己來說，無論如何都無法燃起熱情」的工作。

這兩種狀況的發生通常都具連鎖性。所謂自己的特質，會導致反效果的工作，是指會讓自己的幾個特質，明顯地成爲決定性的缺陷，而難以做爲優勢發揮的情境（≠環境）。若選了這種工作，終究會因爲無法發揮優勢而做不出成果，得不到成就感，別人給的評價也很差，於是熱情便漸漸枯萎。這兩者是連動的。

那爲什麼會選了錯的呢？如果已經知道肯定不合適，通常一開始根本就不會去選擇那種公司。也就是說，**選錯的狀況多半都是試過之後，才發現自己不合適**。處於選錯的不幸中的人，會感受到進公司前和進公司後的極大認知差距，會覺得「沒想到竟然是這樣的公司」。而追根究底，**「不該是這樣」的往往不是公司，而是該本人**。

之所以會選錯，大部分原因都出在自我分析不足。當然，對目標企業的分析不足、不誠實的企業爲了爭取學生而不惜欺騙，還有進公司後被強迫分配到不合適的職能等也都是可能的原因。不過，如果明明已經察覺到與自己的特質「肯定不合適」，眞的還是非得試過才能確定嗎？這樣的不幸，眞的無法事先避開嗎？我是覺得，只要有確實做好自我分析，大多數的不幸都是能避免的。而且若能把最愛的企業也徹底分析過，幾乎所有的不幸都能避免才對。

如果自我分析很確實，軸心很明確，在面試篩選的過程中，應該就有辦法讓企業方知道自己到底合不合適。畢竟企業在招募員工上也花了相當多錢，通常不會特地把你放在與適才適所原則完全相反的位置上。比較有可能的是，你沒能讓企業方正確理解自己的特質以及合適與否。除非是爲了拿到內定而刻意表現出不同的個性，否則，這原因想必還是出在你的自我分析不足。

為了拿到內定而表現出不同性格，可說是不幸的開始。你可以延伸自己的人格、誇大自己的特質，但表現出不同性格會導致雙方的不幸，眞的非常糟糕。我是不知道你的演技有多好，不過對方也是專業的，不同性格看在他們眼裡應該是很可疑才對（笑），內定機率想必也會降低。

要是眞拿到內定，問題又更大了。基本上，會被你的三流演技騙倒的公司，你覺得進去了又怎樣？更何況該公司讚賞的並不是你眞正的特質，那樣的勉強假裝在進入公司後，想必很快就會露出破綻。這場比賽明明只要避開對自己而言爲數不多的錯誤選擇就能勝出，演出不同性格卻反而會特地招來那些少見的錯誤。

即使如此，還是有人會因爲過度缺乏自信，覺得說謊也好、表現不同性格也罷，什麼都試試看。總之，要拿到一個內定才算有個開始。但其實一個人如果不演出不同性格就沒有公司要雇用他的話，這已經不是面試技巧好不好之類的問題，而是必須檢討求職前的二十幾年到底是怎麼度過才對。這畢竟不是短期內能改變的東西，如果用奇怪的方式掙扎，只會讓情況更加惡化。

要是以自己的優勢一決勝負，但卻眞的一個內定都沒拿到，你也要拼命地尋找自己能對社會有所貢獻的工作方式，然後透過該方式垂直擴展自己的優勢，再重新整頓人生。

這是一種合理的適才適所，比招來錯誤要好得多。在求供倍數*這麼高的社會，少子化又高齡化，不引進外國勞工經濟就無法運作，你們貢獻社會的方法可說是要多少有多少。

雖然看起來是公司在挑選我們，但其實我們也在選擇公司，這點千萬不能忘記。你或許會覺得雇主的立場比較強勢，但雙方原本的關係應該是對等且公平的。自豪地以自己的方式一決勝負，應能在中長期最大化你的成功機率。

如果世俗的評價、年收入及待遇等，對你來說並非最重要的軸心，你也必須小心地避免被這些東西弄得眼花撩亂。畢竟只要累積實際的成功記錄，這些終究都會隨之而來，可以日後再做調整。

說到底，就是要運用自己的特質！因爲符合該特質的職能、適合該特質的職場，一定有很多很多。

總之，別試圖找到唯一的正確答案，也別只想著抽中上上籤，只要別抽到下下籤就行了。有個情境能讓你把自己的特質當成優勢來發揮即可，也就是只要能抽到一張爲數眾多的、還不錯的籤就夠了。

再怎麼想拿到好公司的內定，也別忘了任何公司都不可能保證給你上上籤。進入公司不過是個開始，而且不論進了哪家公司，多少都會暴露出自己的弱點，會失敗、會有競爭對手，也會有令你討厭的傢伙。在這過程中，就算輸了、跌倒了，你是否能重新站起來，並且毫不氣餒、一個勁兒地繼續琢磨你的寶物？這樣的覺悟就是重點所在。

抽到的是不是上上籤並非取決於公司，而是取決於進了公司後的你。

＊注解：求才數對求職數之倍數，代表每一位求職者有幾個工作機會。

第2章

學校不教的這世界的秘密

有些事，我想讓即將踏入社會的你瞭解，這些事情學校並不會教，而我很希望當初的自己能早點知道。我想告訴你的，就是關於世界的本質。

當然，**所謂學校教育這種東西，是汲取並斟酌了社會系統的各種意圖而成，是盡可能將重點放在對當時的「體制」而言，方便有利之處，然後對純潔如白紙般的孩子們，進行洗腦的一種結構。**

在此，我把想講的內容聚焦於五大要點，優先考慮即將進入社會的你，在此時期最好能先瞭解的事項。但我必須先提醒你，接下來所說的內容，是依據我自己的親身體驗，目前暫且覺得應該正確的個人觀點。儘管有相對應的根據及信心，也打算傳達我一路累積而來的知識，但在與他人的探究討論及客觀驗證方面，並沒有任何保證。也就是說，這只是我個人對這世界的看法罷了。

請務必記住這點，我希望你不要把我的觀點視爲金科玉律，也不要因此被過度束縛，畢竟我們要渡過的不是同一條河，而且世界不斷在改變。更何況今後屬於你的時代，肯定會更加速變化。

基於個人的求知慾，我非常好奇走在現實社會中的你，是怎麼看這世界的？雖爲父女，但終究還是兩個不同的個體。對世界的看法，應該不至於一模一樣。

我希望你能毫不猶豫地更新我的觀點，非常歡迎你用自己的依據，來否定我的看法！

人生而不平等

我想你從唸小學開始就聽過「每個人都一樣，人生而平等」這個說法；但我所觀察到的眞實世界顯然完全相反，應該是「**每個人都不同，人生而極度不平等**」才對。

如果是在解釋基本的人權精神也沒關係，但若要解釋基本人權，就必須以最根本的「**人都是不一樣的**」這一嚴格事實爲前提。畢竟若人眞的生而平等，應該就不需要什麼基本人權才對。事實上，人類打從一出生就太不平等了，所以至少要讓最基本的機會能夠更接近「公平」，於是做爲一種穩定國家社稷的智慧，近代人類便建構了基本的人權概念，以及基於該概念的社會系統。

認眞想想，這眞的是顯而易見。每個人確實都生而不同。外表的不同很容易理解，有人長得高，有人長得矮；有人容易發胖，有人不易發胖。長相上的差異最是眞實，除了膚色不同外，髮質也可能差很大。即使外表看不出來，運動神經較好和不好的人差異也是很明顯，若天生的基因沒能保證該種運動競技所需之必要能力，那麼不管再怎麼努力，打從一出生就注定了不可能走得上頂尖選手之路。像癌症或糖尿病之類的特定疾病也是，容易罹患和不容易罹患的人在天生的基因上就有差異，更別說還有一些人一出生就帶有嚴重殘疾了。

這些與該本人的責任完全無關，每個人天生就都不一樣。**不相同，也不平等，這世上每個人都不同，人生而極度不平等**。首先，讓我們正視這個事實。

就某種意義而言，比起身體能力的差異，**會產生出更大落差的，其實是「智力的差異」**。

一直以來，我做的都是處理各種統計數據的工作，因此，見過不少存在於量化數據中的世界殘酷眞相。當然，關於人的智力該怎麼測量、比較這方面仍有各式各樣的不同意見，不過，**與終身年收入等經濟上的成功程度最相關的，就是智**

力的差距。想必這是因爲在所有生物中，人類之所以能成爲人類的最大特徵，正是智力的關係。

人的雙臂再怎麼厲害也無法飛上天空，雙腿再怎麼強健也無法與馬兒相比，但只要運用智力，人就能夠創造出飛機、汽車。**智力具有無限的可能性**，也正因如此，其差距所造成的影響眞的很大。

東大學生家長的家庭平均所得較高，這一數據經常爲人們所引用，也可做爲落差世代持續並擴大的理論依據之一來列舉的例子，可說是相當多。我也不是出身富裕家庭，就情感層面而言，我知道人們會想說什麼。家庭富裕故能接受良好教育，這有利於提高智力，所以較容易進東大；換言之，就是「不公平」。

這時膚淺的博愛論者會這麼說：「必須廣泛對貧困家庭提供更充實、優渥的經濟支援及福利，否則，經濟落差會變成教育落差，進而加速世代間的貧困連鎖效應！」經濟落差對孩子來說確實不公平，是加速世代間落差連鎖效應的因素之一。但實際上，還有更不公平而殘酷的問題存在，那是與經濟落差完全不同層次的無可奈何，是一種無法塡補的殘酷落差——那就是天生的「**智力落差**」。

東大學生家長的家庭平均所得之所以較高，其實是因爲東大學生家長的「智力」較高的關係。不過，就是智力高的人在社會上取得成功，與智力相近的對象結婚，於是其家庭便因高智力而能夠賺得比平均多罷了，然後他們的孩子又繼續因爲父母親的基因，而有較高的機率獲得高智商。

高收入帶來的後天良好教育環境對其孩子而言，毫無疑問是一大加分；但這是次要的，並非根本。只要稍微動動腦筋應該就能理解，並不是再怎麼天生愚鈍，只要找最厲害的家教來教就進得了東大。反倒是眞的聰明的話，在有這麼多獎學金可選的社會上，只要勤奮苦學，一定進得了國立大學，也畢得了業，實際上這種人很多。所以說，**經濟落差並不是原因，它只是智力落差所帶來的結果而已。**

除了那些先天的落差之外，還有後天的落差會進一步拉大差距。例如：有的孩子能在私立完全中學的高水準教育中唸書，同時也有一些孩子是成長於連學校營養午餐費都付不起的家庭。有的孩子甚至沒有呵護自己的雙親，更有持續被父母虐待的孩子存在。相對於此，也有那種只因爲父母有名就能立刻在演藝圈出道的孩子，以及從未好好工作過、但受惠於爸媽財產，所以生活富裕的孩子。別說是平等了，無關乎該本人的意志與責任，**這世界打從起跑線開始就不公平，存在**

有許許多多殘酷的差異。

你是不是覺得這話聽起來好血淋淋?但對我來說卻恰恰相反。這一事實其實令我相當興奮!我就是因為老是像這樣和世界唱反調,所以才會被當成怪胎,但沒辦法,我眞的就是很興奮。我有我的理由。

先天的特質、後天的環境,還有兩者的組合,都是極為獨特的這一事實,無非就代表了**只要能認知到自己的獨特特性,每個人都有可能產生出特別的價值**。換句話說,正因為每個人都不一樣,所以各個都有趣,各個都有價值。

讓我再次強調,**最重要的就是要更早、更明確地認識自己的特質**。只要能做到這點,接著只需尋找並探索該特質能夠充分發揮作用的情境,你應該就能在這世上創造出獨特價值。

人人都不一樣,每個人天生就存在差異,而出生後的環境也有很大的不同,哪有可能一開始就是平等的?說起來,其實俗稱「運氣」的「機率」,幾乎就決定了自己這個人絕大多數的原始規格。儘管之後自己能夠改變的程度非常大,但領域本身卻非常有限。自己能夠改變的,大概就是於獨立自主前,在被賦予的環境中，能夠將天生的能力發揮到什麼程度？以及獨立自主後，在能發揮天生能力的環境（情境）中，能夠多麼積極活躍地探索？

一開始你能夠控制的變數，就只有①**對自身特質的理解**、②**琢磨該特質的努力**，以及③**環境的選擇**這三者。而正視這一事實，應能成爲你找出職涯致勝之道的重要起跑線。

你是否也開始興奮起來了呢？本來從出生的那一刻起，你就是與世上任何人都不一樣。不同於任何其他人的「你」，我覺得這眞的是很棒的一件事。一旦能意識到這點，就不必和他人比較，更沒時間自卑沮喪。

你該做的簡單來說，就是將自己天生具備的東西發揮到最極致。

你不會成為任何其他人，你將成為最優秀的你自己！

資本主義的本質為何？

任何事物都必定有本質。本質決定結構，然後依據該結構再產生出各式各樣的複雜現象。亦即以「**本質↓結構↓現象**」的順序，由上而下地形成束縛、侷限。若能理解本質，那麼通常連該事物今後將如何變遷等，都能在某個程度上預測得到。如果想以分析力為武器，就必須培養能夠診斷結構而不囿於現象的能力，以及從那些結構看清本質的能力。

你所居住的這個社會，和其他許多先進國家一樣，都根植於「資本主義」的社會結構。你有仔細思考過，這資本主義社會的本質，到底是什麼嗎？簡單地理解自己一直以來生活得理所當然的資本主義這種社會原則的本質，就即將踏入社會的此時期而言，可說是再合適不過。

接著，就讓我來說明一下我個人對於資本主義的觀點。

資本主義的本質為何？我認為，**資本主義的本質就是人類的「慾望」**。人類的慾望有很多種，像最基本的「希望擁有更便利舒適的生活」這種慾望向量，在人類歷史上就從未倒退過。從馬匹到汽車，從固定的電話到行動電話，還有以亞馬遜（Amazon）為代表的電子商務革命，和運用ＡＩ（人工智慧）的自動駕駛。過去如此，未來亦然，人們肯定會持續追求更便利、更舒適的商品及服務。而沿著該向量發展的創新，必然會興盛繁榮。

雖說人類慾望的本質，從原始時代起一直都沒什麼太大改變，但滿足該慾望的方法，則隨著科學的發展不斷急遽變化。我可以想像於不久的將來，人類在由ＡＩ自動駕駛的無人機機組裡，一邊睡一邊飛在空中通勤的情況。

資本主義以人類的「慾望」為能源，具有讓人們競爭以促進社會發展的機制。挾持慾望來使人們相互競爭，藉此避免人們怠惰、停滯，形成一種爲了生存而必須不斷進步、努力的結構。亦即以「慾望」爲能源，造就了滿足更多「慾望」的迴圈結構。我覺得這結構非常棒。缺陷、問題當然還是有，遠非完美，但比起其他許多已失敗的社會結構，這相對更容易滿足人類的本質。我想這很可能就是資本主義最終最爲發達的原因。

資本主義以「慾望」為本質，而「競爭」為其主要機制。一旦將前述「人生而不平等」的事實疊合於其上，你就能更清楚理解自己所在的這個社會。你一定能理解，由本來就生而不平等的人們，彼此競爭的這社會，怎麼可能平等。眞正的聰明人會質疑，這可能是爲圖某些人的方便所刻意假造，這個社會並不平等地對待每個人。依據每個人創造出的價值不同，所受到對待可是會有相當殘酷的差距。

在法律上（就不被無故濫殺的權利而言），平等看待所有人的生命是人權的基本概念，但若打從心底相信人命價值一律平等，那這人就完全是住在夢幻國度裡了。實際上，人命的價值有著並不相同的嚴酷差距。

就概念而言，無論人們要怎麼想都無所謂，但我的眼睛只看現實。人死了會對周圍的人帶來多大困擾這點，會因人而有天壤之別，甚至還有如死刑犯般，其死亡爲社會所期待的那種生命存在。看清現實吧，人命的價值，在對社會的有用程度上呈現出顯著差異。容我再次強調，人是不平等的。

當然，除了生命的保障外，社會系統也會盡可能將最基本的機會，維持在接近公平的狀態。還有接受教育的權利、基本人權、法律之前的平等、選舉權及參政權、社會福利等。可是，這些都是被設定在最底線，這再自然不過，因爲要是這些最底線所能滿足的「慾望」，比努力競爭而獲得成功的人還多，資本主義社會就不成立了。

換言之，資本主義社會所認可的「理想」，就是只讓競爭機會近乎公平，然後根據競爭結果給予勝者獎勵，敗者則任由其下落至最底線。亦即認可由能力差異造成的經濟落差，重點不在於平不平等，而在於以努力能獲得回報為「公平」。

要知道，在這樣的資本主義社會中，人類只會大致分成兩種——用自己的24小時賺錢的人，和用別人的24小時賺錢的人。前者叫「上班族」，後者叫「資本家」。我們必須理解所謂的資本主義，就如其字面意義，是為了後者資本家而制定規則的社會。簡單地說，**資本主義社會就是一種使上班族工作，讓資本家賺錢的結構**。比較過著上班族人生的人，和過著資本家人生的人，兩者終身年收入的平均值可是差了好幾位數。如此極端的差距真的很驚人，但這就是現實。

那麼，上班族和資本家的終身年收入差距，是否真的就反映了其能力差距呢？例如：智力之類的是否也差很多？我並不這麼認為。我遇過很多大資本家，還有從事資本相關工作的人，其中聰明的人確實很多；但在上班族之中，也有很多就智力（ＩＱ）而言超群出眾的人，像是我的老東家Ｐ＆Ｇ裡就有一大堆聰明人，可是他們各個都毫不懷疑地、很樂意地做著上班族的工作。這是為什麼？

這正是眼界的差距，也是其限制——人無法認識到自己所知世界以外的部分。如果父母是認眞上班的上班族，孩子的眼界往往就是一輩子做個老實的上班族。因此，他們無法意識到上班族勤奮工作所創造出的大量價值，會在其眼界之外爲資本家們所瓜分。明明只要願意，自己也能跨入那另一邊的世界，但若沒有這等眼界，甚至連有這種選擇都無法意識得到。你最好記住，**所謂資本主義，就是一種會對無知和愚蠢科處罰金的社會。**

仔細想想，現代的教育系統主要也是在生產大量優秀的上班族（勞工）。取得好成績、從好的大學畢業、進入大公司、過著穩定的生活，這就是幸福的成功人士所追求的道路。昭和高度經濟成長時代*的「詛咒」，依舊殘留著強烈影響力，至今仍是許多人不變的眼界、觀點。不遲到、老師指定的作業要準時交、要合群等，培養從小在學校被灌輸的那些「美德」的習慣，其實都是爲了要製造出「有紀律的優秀齒輪」。就連社團活動都要以過度尊重學長姐的方式，來提升對不合理的免疫力，以做爲一種服從未來主管的忍耐力訓練。

今日的上班族不同於過去的「奴隸」，因爲上班族有選擇職業的自由，所以

*注解：昭和二九～四八年（一九五四～一九七三年），日本進入高度經濟成長期。

上班族絕非奴隸。但爲了方便說明，請原諒我在此大膽採用「奴隸」一詞。

過去曾有一段時間，勞工是被當成「奴隸」對待的。當時資本家利用大量奴隸來賺錢的結構，和今日的資本家利用大量上班族來賺錢的結構，在本質上並沒有太大變化。只是今日的資本家受限於基本人權，被迫付了較多人事費用而已。

但學校教育系統根本完全不教這樣的觀點，令人不禁懷疑似乎是在極力避免孩子們注意到外頭的世界。今日的教育系統，亦是爲了大量產出優秀的勞動力而運作。所產出的孩子們，很多都從不懷疑一輩子做個勤奮的上班族有什麼不對，自滿於安分地找個工作再漸漸獲得公司認可，對於在上班族階級中逐步升遷的自己，日益感到心滿意足。

而回過神來才發現自己已年近40，領著一份食之無味、棄之可惜的「還算不錯的薪水」，早成了一隻無牙老虎。越是以上班族的身分功成名就，就越容易變得不想背負換工作、辭職創業等的風險，越會被這樣的機制給綁手綁腳。正因如此，即使是天生具備極度優秀特質的人，也可能只在上班族的眼界內終其一生。

而不論再怎麼努力於上班族社會的組織金字塔中表現出色，拿到2千萬日圓的年薪、3千萬日圓的年薪，看在外頭的資本家眼裡，齒輪終究只是齒輪。注意到這點的我，便開始覺得在大組織裡成為大咖這件事變得毫無吸引力。因爲課長、經理、董事長這些頭銜，不過都是爲了讓優秀的齒輪樂於工作，是爲了把他們關在籠子裡而設計的稱號。實際看看現實中有多少人自豪於名片上的頭銜，就能體會到資本家所建立的階級金字塔，是如何巧妙地刺激著人類的本質。

找來許多比起自己毫不遜色的優秀人才，讓他們努力爬上金字塔的階梯，讓他們樂於工作，最後再從中大賺一筆的，正是資本家。容我再次強調，這世界並不平等，這世界的結構是爲了方便資本家而設計的。因爲這就是「資本主義」，會導出這樣的結論是必然的。

舉個例子，在日本，對揮汗工作的上班族課徵的最高所得稅稅率足足超過50%，但對不流一滴汗的資本家的股票股息課徵的稅率卻只有20%。這種事，你應該要確實知道比較好。

我絕不是想批判資本家的貪得無厭，也不是想否定上班族的人生，也沒有要說所有人都該成爲資本家、都能成爲資本家。畢竟不以上班族身分加入大型組織，就無法實現的具挑戰性事業應該也有很多。我想告訴你的是，我希望你在理解於**上班族之外還存在有資本家的世界之後，做一個能夠打開天線來接收機會的人，別漏掉任何可發揮自身特質的機會**。不論最終讓你幸福的選擇，是立志成爲資本家，還是一輩子當上班族，都無所謂，都好。

除了上班族之外還有別的世界存在、若成爲成功的資本家將能獲得完全不同等級的高額回報，還有那樣的資本家世界並非遙不可及（就如稍後將說明的，其實不具資產的上班族，還是有很多方法能成爲資本家）等，這些我都希望你在剛開始展開職業生涯時就能先知道。

最重要的是，**你能否擁有將資本家的世界納入至射程範圍內的眼界**。而我自己直到30幾歲遇見格倫．甘培爾（Glenn Gumpel）*並跳槽到日本環球影城爲止，都沒能意識到這點。

如果一開始就知道，肯定能早點注意到更多的機會。不過，每當我想像要是自己就這樣毫無知覺地一直待在P＆G的話會怎樣時，便實實在在地體會到不論到了幾歲才擴大眼界都爲時不晚。我深深覺得，正是在感到舒適時，大幅改變環境的挑戰，對職涯的提升才格外有效。

決定你年收入的法則

人的年收入是如何決定的？其實在你決定職業的那一刻，年收入幾乎就自動確定了。所以要避免在不懂其機制的狀態下草草就業。不論你將做出什麼樣的決定，最好都先瞭解自己的選擇，會爲將來的預期年收入帶來怎樣的結果之後，再做決定。這樣才能在出了社會後，走上後悔較少、較容易接受的職涯。

接著，要爲你介紹決定年收入的三大因素，最後再補充我個人的建議。

第一個因素，是人的「職能價值」。這就和決定商品價格時一樣，對一個人所具備之職能（技能）的需求與供給，決定了年收入的多寡。需求增加，價格就會上揚；供給增加，價格則會降低。人的年收入，基本上也完全符合此原理，具高需求職能的「難以替代的人」薪水較高。用更簡單易懂的方式來說，就是培養銷售業務技能、培養行銷技能，又或是法務技能、人事技能等，這些不同技能的價格都不一樣。當然，**技能越是需求量大、供給稀少，其年收入就越高**。

＊注解：格倫・甘培爾（Glenn Gumpel），二〇〇四年出任日本環球影城（USJ）日本主題遊樂園執行長。

因此，自己的薪水之所以沒增加，原因就在於自己的價值沒有增加。當你一直重複做著類似的事，即使因熟練而工作速度變快，只要想想與一年前的自己相比，是否有明顯學會了任何新東西即可。年收入終究是取決於技能的需求與供給，能夠尋求傳統年資制度時代而期待定期加薪的，大概只剩工會而已。至少，你絕不能怠於磨練自身技能。

第二個因素，是所屬業界的「產業結構」。即使是同樣的職能，依產業、業界結構不同，有的付得起很多薪水，有的卻付不起，這乍看是能由各企業及經營管理者自由決定的，但其實並非如此。因爲各個業界分別付得起多少人事費用，有其特有的結構性限制。當然，比較賺錢的行業及企業，年收入就比較高。

舉例來說，每間咖哩店老闆的年收入大概都差不多。街上常見的咖啡廳的老闆，他們的年收入通常也都很接近。烏龍麵店老闆的年收入彼此大致相同，蔬果行老闆的年收入也都沒什麼太大差異。蛋糕店、章魚燒店、自行開業的醫師、牙醫、律師、大眾媒體、化妝品公司、一般銀行行員、日本的家電製造業等，只要是市場結構相同的同業業者，年收入大多都會集中在類似範圍。

這是爲什麼?因爲市場結構決定了老闆付得起多少人事費用。在咖哩店的經營上，其實絕大多數的事情都無法自由選擇。

首先是食材成本，再怎麼於供應商和製造成本方面下功夫，能達成的效果也有限，每家店都各自做了努力，而結果則大同小異。同樣地，員工的人事費用和店鋪的維護費等也都相似。基本上，一盤咖哩飯的價格不能大幅超出消費者所認知的合理價位，因此，價格也都會很接近。由於市場結構類似，老闆手上的利潤，亦即其年收入，便也都大致相同。

所以說，從原本的公司跳槽到同業的類似職位這種選擇，從年收入的觀點看來，就只能拿到和原來差不多的薪水。**想增加年收入而換工作，「能夠發揮自己的職能」且「換到能付得起更多薪水的其他業界」才會是正確答案**。因爲只要市場結構不變，年收入就不會有太大改變。

第三個因素，是「成功程度造成的差異」。即使是同樣的職能、在同一業界，年收入仍會因爲成功的程度不同而有變化。咖哩店老闆的年收入，會隨生意的好壞程度改變。以上班族來說，年收入２百萬日圓和年收入２千萬日圓的人的差異，**取決於這個人具備多麼重要、多麼不可替代的能力**。因此，能夠讓經營團隊及資本家多麼相信「自己的價值」這點，也可算是上班族的成功程度。

人的年收入，就是由上述三大因素的組合所決定。該選哪種職能？該選哪個行業？而自己又能夠有多麼成功？在進行求職及轉職活動前，你必須先好好思考過這三點。

說得更淺白些，**當你選擇要以哪種職能、在哪個業界的哪家公司任職時，你未來的年收入幾乎就差不多自動確定了**。當然，你的成功程度會造成差異，但即使有差異，由於成功時的上限和失敗時的下限都已固定，只要認眞仔細地分析，就算是學生也不難預測其高低範圍。

要知道，不論是職能造成的差異還是行業造成的差異，不同工作所能預期的年收入，其實會有不止於數倍的巨大差異。例如：一般來說，金融業的年收入遠高於製造業，這是因爲金融業採取的是以錢滾錢的商業模式，其「結構」不同於製造業，金融業也不必爲擴展業務而投入大量設備投資（不需持有使資金固定不動的工廠及庫存）的關係。職業棒球選手的平均年收入，之所以高於職業足球選手，也是由職業棒球每年能舉辦較多場活動（比賽）的結構所造就。

在接受了這些世界的運作規則後，我想給你兩個建議：

首先，**知道了預期年收入的高低範圍後，你還是該選擇對自己來說，有熱情、會喜歡的工作**。

爲什麼呢？因爲不喜歡的話，就很難提升第三個成功程度因素。畢竟工作這種東西，總是苦多於樂，即使選了自己喜歡的、想做的，也還是會有一大堆痛苦、惱人的事情在等著你。更何況是爲了錢去選自己不愛的工作，我認爲根本沒道理能成功。

根據職能及產業結構，就算選了預期年收入較低的工作，比起選了別的工作而失敗，所獲得的收入應該還是好得多。不論在哪個業界、做哪種工作，在那個世界裡成功、早些成爲該領域的專業才是重點。

其次，**不管是哪個行業，只要達到一定程度的專業，就能以至今爲止培養的技能與成就爲基礎來達成「職能的升級」**。

舉例來說，咖哩店的老闆可將其商業模式升級至販賣其技能知識（know-how），像是去做咖哩加盟連鎖品牌的老闆兼營運總裁。這樣一來，其結構就變得和咖哩店老闆完全不同，預期年收入將產生不同維度的極大變化。順道補充一下，在我重達0.1噸（1百公斤）那個時期，常因加班而常去光顧的「CoCo壹番屋咖哩專賣店」，最早也是從單獨的一家咖哩店開始經營的，而現已發展成一大加盟連鎖品牌。

這一切都是爲了提高自己成功的機率，在理解預期年收入的前提下，勇於邁向因喜歡而能夠投注熱情的道路。然後以在該道路上的成功爲墊腳石，跨越職能及產業的結構，並努力升級。只要不斷累積許多成功經驗，職涯的升級就變得越來越有可能，接著錢財便自然隨之而來。千萬別忘了**要先成功才會發財**，這順序絕不會倒過來。

求職也好，轉職也罷，你最該極力追求的，是讓自己本身的成功機率最大化。爲此，**你的目的必須明確，這個目的要能夠定義對你而言什麼叫成功**。

然而，我知道現在充滿了無數多不知自己想做什麼、連要確定該目的都猶豫不決的學生。不過沒關係，在後序章節中我會再詳細說明解決辦法。

目的可以暫訂，將來可以再改。**為了做出不留遺憾的選擇，找到現在、這一瞬間對自己來說最好的答案，確實有其必要**。

一無所有的人要怎樣才能擁有資產？

前幾天，某所大學的研討會中，學生突然問了我一個問題：「森岡先生，請告訴我一無所有的人要怎樣才能擁有資產！」

由於實在太過突然，我一開始聽成「不受歡迎的人要怎樣才能變得受歡迎*？」這令我一時不知所措，畢竟我自認是地球上最不該被問到這種戀愛相關問題的人類（笑）。不過，能遇到具有這種觀點且與你同世代的人，還眞是相當難得。他那不同於一般的明亮眼神，令我印象深刻，感覺這個國家的未來似乎變得更光明了一些。

「慾望」的強度是正當的。追求慾望的力量，也就是想滿足慾望的強度，就等於一個人想在這世上生存下來的能量強度。因爲**推動這資本主義社會、使之能夠運作的本質，正是人類的「慾望」**。

而慾望有很多種，包括物慾及權力慾等等，世上不存在沒有慾望的人。不論

---

*注解：在日文裡，「擁有」和「受歡迎」的發音剛好都是「もてる（moteru）」。

是什麼樣的宗教家或聖人，也都必定會有某種慾望。盡量避免自己有慾望的人，可能只是在逃避無法滿足慾望的痛苦，或是要避免對於無法實現慾望的自己感到失望、傷心。若是眞有毫無慾望的人類，那肯定是和《火影忍者疾風傳》的世界裡，完全沒有查克拉*的忍者一樣的人！一定活不下去！所以每當看到像這位年輕人這樣充滿慾望及野心的眼神時，我就會滿心期待。我也希望你這一生都能堅強、誠實地面對自己的慾望。

對於他的問題，我的回答是：「**若真想徹底突破，就只能想辦法成為資本家了。**」

不是一出生就擁有資產的人，想要在現代社會中取得巨額資產，最好的方式就是想辦法成爲資本家。我是這麼想的。因爲就如先前已說過的，**這社會的結構是為了方便資本家而設計**。不論要達成什麼樣的目的，都沒有比妥善運用相當於戰場地形的社會結構更好的方法。

雖說要成爲資本家並不容易，但考量到風險與回報，基於其社會結構上的優勢，這應該是機率最高的做法。至少比揑著少少的錢去賭場或賽馬場碰運氣、比持續丟掉九成但仍一心等著有一天會中樂透、比上班族祈禱著奇蹟會發生而將來大賺一筆等，這無庸置疑地機率是高得多。

當然，沒有資本就成不了資本家。雖然要能動員大量資金並非易事，不過，成為資本家這件事本身，對任何人來說都不是那麼困難。

成為資本家最簡單的辦法，就是去買上市股票。不論是打工、自己做生意，還是在公司上班，做什麼都好，然後以賺來的積蓄為種子，拿去購買自己認為其企業價值會增加的公司的股票。

過去幾十年來，全世界的股票每年平均能賺7～8%。因此，若眼光和運氣的偏差值約為50左右，則依邏輯推論今後的幾十年，應該也能有同樣程度的獲利幅度才對。如果平均能賺7%，過10年本金就差不多已翻倍，20年後大約變成4倍。但若是以完全不工作也能生活為目標，假設實際操作績效是7%的話，稅前利潤必須達到7百萬日圓左右，如此一來，手頭上就需要有大約1億日圓的資金。

在此，我希望你也能再多瞭解一點，關於在資本主義社會中，購買股票所表

＊注解：源自印度瑜珈觀念中的脈輪，在日本動漫《火影忍者疾風傳》中，被引用為忍者使用任何忍術所需之基本能量。

示的意義。**購買某家公司的股票，就等於是成為該公司的老闆**。這代表了你不是用自己的24小時賺錢的上班族，而是加入了用別人的24小時賺錢的資本家行列。說得更簡單點，一旦買了軟體銀行（SoftBank）的股票，就等於是讓孫正義先生像你的部下一樣替你工作；而買了亞馬遜（Amazon.com）的股票，就等於是讓那個大名鼎鼎的傑佛瑞·貝佐斯（Jeffrey Bezos）爲你工作。購買某家公司的股票＝成爲該公司的老闆，就是這個意思。你用的不是自己的24小時，而是能讓該公司從管理階層到所有員工的24小時，都是爲了你而工作。

然而可惜的是，現在社會很多人對於投資股票這件事都非常膽小。有太多錢都被存在已幾乎沒有任何利息、卻還會被一再收取手續費的銀行活存裡。在先進國家中，個人資產這麼少用於投資的國家，可說是相當罕見，而且這樣的狀態還持續了很久。

日本泡沫經濟的崩壞與雷曼兄弟事件你或許還記憶猶新，但即使包括這些在內，以過去幾十年的歷史平均來說，股票仍有每年7～8％的獲利。雖說短期內有高低漲跌，但全球經濟就長期而言是成長的。

儘管如此，只因「討厭損失」的心態便停止思考的人還是很多。他們混淆了投資與投機，很少有人能考慮到不投資的風險。在資本主義最為發達的美國，投資所佔的個人資產比例約達五成，但在日本卻不到兩成，這在先進國家中是敬陪末座。而不用我多說你一定也知道，**儲蓄難以轉為投資這件事，也是不利社會發展的**。

很多人都缺乏讓自己盡可能接近資本家的意志，多數人都沒想過要在自己睡覺的時候，讓自己的錢替自己工作。我認為這是因為，我們的社會並沒有在家庭及學校裡，好好教導孩子們資本主義到底是什麼的關係。

或者也可說是，證券業的行銷部門，多年來都沒能確實發揮作用的關係。雖說針對有錢人的推銷毅力也是必要條件之一，但光靠這點並不足以如歐美般挖出那麼多的個人資產來投資，好促進社會發展。重點在於，要透過改革意識，來擴大朝向投資的個人儲蓄比例。

雖說股票亦是形成資產結構的投資組合元素之一，也的確是該投入的，但我並不是為了讓你去買股票而解釋這麼多。我的目的是，為了把你的眼界擴展到某個領域。就算只是放在腦海裡的某個角落也好，希望你能知道，為了成為資本家，比起運用種子穩扎穩打地買賣上市股票，實際上還有更戲劇性的迅速致富機會存在——那就是**做為一種成功的報酬，以個人身分擁有企業股票的概念**。

說得更清楚些，除非你有挖到油田或古代寶藏的運氣和能力，否則在現代，若是想形成數億、數十億、數百億、數千億的個人資產，我認爲應該沒有比這更具可能性的致勝之道了。

其主要模式有二：

要能做爲一種成功的報酬而擁有企業股票，最容易理解的情況就是**「創業者」模式**。亦即如孫正義、貝佐斯那樣，先創辦一家公司、提升該公司的企業價值，讓公司上市或賣給第三方，然後身爲創業者便可出售股票以獲利。當創業之初本來價值爲零的東西變成了數千億、數兆日圓時，若你擁有50%的話，便能成爲不得了的大資產家；即使只擁有0.1%，也能躋身超級富豪的行列。

就算沒能創建出那麼大的企業，例如：以1百萬日圓資金創立的公司，若能以10億日圓賣出，還是能讓你一舉成爲有錢人。在幾年內創建小規模的公司然後賣給某人，接著又一再重複這種創業後賣出模式的專業創業家，其實也相當多。

我自己也透過創業而實際體會到，開一家股份有限公司遠比想像中容易。採取小資本創業的話，只要數萬日圓即可，初期手續費用加總僅需20～30萬日圓左右，甚至有限公司的創立程序又更簡單。當然，創立及維護、管理、稅務等，之後繁雜的事務會越來越多，但只要確實有幹勁，這些都不成問題。

而另一種模式是「**改善經營管理**」，這也是一種從勞工變成資本家的典型路徑。亦即從一度業績惡化的公司或想大幅提升企業價值的公司，獲取股票或股票選擇權（認股權，Stock Option），參與其經營管理的改善規劃，待業績提升後賣出股票以獲得成功報酬的方式。業績恢復前與恢復後的差距越是大，其成功報酬之金額，有時甚至可媲美創業者模式。日本環球影城的前CEO格倫．甘培爾，應該就可算是近年來罕見的一個成功例子。其實我也是以此模式，參與了日本環球影城的經營改造。

重點在於要怎麼做，才能讓這種能夠分到股票的工作找上你。你一定能理解，畢竟是要分到對資本家而言，為權力及財富泉源的珍貴股票，所以沒道理會簡單。當然前提就是，這個人必須具備某些技能與具體經歷，能讓資方的人們認爲，一旦少了他公司便無論如何都無法改善業績。亦即由於比一般的獵才更罕見，故這個人的市場價值（勞動市場對個人訂出的價格），必須要非常高才行。

爲此，你必須持續磨練職能，以專業之姿做出顯著成果，以具體成就提升自己在勞動市場上的評價。換言之，**不論在哪裡、做什麼，你都必須持續意識到自己在勞動市場上的市場價值**。不能只因在公司內評價高便沾沾自喜，不論是否有換工作的打算，都該定期和幾個有勢力的獵人頭公司人員聯繫，探聽看看自己出了這家公司能值多少錢。這樣的聯繫不僅有助於提升意識，對於身處氣氛緊張的職場、不知明天會發生什麼事的狀況來說，也很有幫助。

在P&G工作時的我，完全處於上班族的眼界內。在那樣的大公司裡，從沒實際感受過股東的動向，只追求自己在金字塔中能力與經驗的提升，沒注意到外頭的世界。雖有打算終有一天會離開，但我一直都覺得自己會因達成某些重大成就而出名，然後就被某家公司找去當營運總裁，延續著上班族的職業生涯。

更明確地說，現在的我推測那時的自己，應該是這麼想的。當時的我把一切想得太過理所當然，甚至從沒好好思考過這些。所謂的囿於眼界就是這樣，**只要是自己不知道的東西，就算在眼前也看不見！**

那樣的我，是在從P＆G跳槽到日本環球影城時，才瞭解到資本主義的機制與資本家的存在，還有他們是運用了什麼樣的煉金術。是那位格倫・甘培爾讓我意識到了這些。

另外補充一下，我也是以這種「改善經營管理」模式的成功報酬被找來的。你知道他是怎麼跟我說的嗎？他說：「森岡先生，在這資本主義社會裡只存在兩種人……」（笑）。那時我才第一次意識到有個自己不知道的世界存在，我成了「以股票為成功報酬的上班族」。結果直到44歲離開日本環球影城為止，我都持續過著上班族生涯。

當我完成了重建的使命，宣布辭去日本環球影城的工作時，許多大公司紛紛提出更大規模的成功報酬來邀請我，但我對於延續上班族的職涯形式已感受不到任何魅力。

與其一再重複以往已成功多次、將損壞的軌道給修復的工作，我更想挑戰自由地從零開始鋪設軌道，進一步擴展自己的世界。

我尋求能實現夢想的自由平台，召集一群志同道合的菁英，創立了一家名為「刀」的公司。而讓日本環球影城從谷底翻身所獲得的成功報酬，便成了我的創業資金。雖然我也可以靠著這筆錢進入防守型的人生，但那不是我的選擇，我選擇爲「刀」賭上一切。兩年後，「刀」總算是成功啓航，但也不過是終於度過了轉換至資本家的階段，這邊的世界仍充滿了未知。正因如此，所以我滿心期待，興奮莫名。

實際經歷過便發現，創業並成爲資本家的這種世界，亦有其極度艱辛之處。由於我也兼任了創業初期的營運總裁這一勞動職務，故辛苦在所難免，工作量眞的是比上班族時代多了好幾倍。一年365天，一天24小時，過著離不開自己事業的生活。

和用別人的24小時賺錢的資本家還差得很遠，所感受到的緊張刺激與焦慮也有幾十倍之多。畢竟要對許多夥伴們的生活負起責任，這也是理所當然。繼續過著穩定達成公司期待以獲取月薪的上班族人生，無疑是輕鬆得多。

不過在此同時，我也感受到了與創業之艱辛相稱的巨大「工作價值」。我認爲這**「工作價值」的精髓，就在於我們真的能夠選擇自己道路的「自由」**。

在上班族社會中，被迫做出不同於自身認知的決策是家常便飯，若其中存在某些合理的理由，那還可以忍耐；但若無法甘心要經常處理原因不明的決定，或無論如何都與自身信條不相容的決策的話，就會無法完成你的上班族人生。

我做了超過20年的上班族，已累積夠多這種忍耐經驗，也獲得充足的結果。今後，考量到我與夥伴們的人生都只有一次，無論如何都想照著自己的意志試著走他一回。我就算冒著創業的風險也想得到的，正是這樣的「自由」。

這世界正如我愛的那句話「Everything has cost」所代表的意義。上班有上班的痛苦，創業有創業的艱辛；一如窮有窮的煩惱，而一旦有了資產，又會生出別的困擾。這件事沒有單純的答案，不只是該成爲資本家還是該成爲上班族而已。

重點在於，**為了能輕鬆選出適合自己的那種艱苦，你必須盡可能擴大自己的眼界**（本人所能認知到的世界）。不適合當上班族的人若只具有上班族眼界的話，肯定會持續不幸，反之亦然。能夠選擇對自己而言，更合適的生存方式是很重要的。

畢竟人生只有一次，你要用自己喜歡的方式活。

看清公司是否具未來前景的訣竅

若是想成爲資本家，也可以現在就創業，朝著資本家的方向邁進。如果你有創業的構想與活力，請務必一試，絕對沒有所謂太早的問題。只要藉由風險程度來調整焦慮與壓力，就能夠安全無虞。不管是大學生還是高中生，本來就該多多挑戰自己想做的事，而實際上也確實有這樣的創業家存在。

越是認眞投入，不論成功還是失敗，你一定都能學到很多，而且還能夠成爲眼界遠比現在更寬闊的自己。又或者，你也可以像以前的我那樣，在某家公司從當個上班族開始學習技能，然後再想辦法成爲資本家。

若是對於成爲資本家這件事，沒有感受到什麼特別的吸引力，那就沒必要爲此大費周章。以心態來說，覺得找個工作安定下來還比較適合自己的人，無疑佔了絕大多數。若是在已知外頭還有另一個世界的基礎上，仍然這麼想，那就毫不猶豫地朝那條路邁進即可。

如果是以找工作爲前提，你在意的想必是該公司的經營狀況有多穩定。做爲一個上班族，若是想盡可能一直待在同一家公司工作，在公司裡步步高昇的話，這點就格外重要。而即使是像我一樣爲了學習技能所以進入公司，公司要是過沒幾年就經營不善也是會相當困擾。因此，多數人爲了追求安心與穩定，都會試圖擠進上市公司及知名大企業。

但這樣的想法眞的正確嗎？我認爲**若真的想要穩定，就不能進入現在的大企業，而是必須進入將來的大企業才行**。換言之，進了現在很大的公司又怎樣？現在很大的公司過了10年、20年後不見得還是很大，甚至可能已經消失也說不定。反之，現在的小公司將來或許會成爲像今日的軟體銀行或優衣庫（UNIQLO）般的大企業。若能和那種如飛龍升天般崛起的公司一起成長，就經驗的質與量而言，你的職涯肯定會變得極爲豐富。

那麼在求職時，該怎麼判斷一家公司是不是這種將來的大企業，或是從中長期看來穩定的企業呢？畢竟是要賭上自己人生的第一局，所以非得以自己的方式判斷候選公司的未來前景不可。

接著，就讓我來教你判斷公司是否具未來前景的原則。我會盡可能大略地講，聚焦於基本概念。不過，實際上在業界裡分析企業的未來前景時，我們也是使用同樣的思考方式。本來應該要用5個左右的觀點來做更詳盡的分析，但這會讓求職活動變得太複雜，故在此我只介紹其中較重要的2個軸線。光是以這2個觀點來診斷企業，應該就能讓你判斷出一家公司是「看來沒問題」還是「好像不太妙」。

另外補充一下，這些分析所需之必要資訊，以上市公司來說，只要查看有價證券報告書（相當於台灣的財務年報，爲公開資料）或上網搜尋，就能找到。而粗略的市場趨勢及業績等數據，在一定程度上也都拿得到。至於無論如何都拿不到的資訊，就只能運用智慧，以合理的「假設值」來分析了。

請容我在此提出一個忠告。不只是像你這樣的年輕世代，其實很多人都有這種毛病，眞的很令人困擾。不僅限於企業研究，舉凡在分析、探索各種事物時，動不動就說「缺乏資訊」的蠢蛋眞的很多，讓我感到相當厭煩。即使到了這個想要的資訊只需上網搜尋便立刻就能找到的時代，像這種養成了不用腦習慣的蠢蛋人數，仍然不斷在加速成長。

基本上，資訊這種東西，只在人有智慧時才有意義。自行收集外部世界的線索（數據及事實），然後運用自己的智慧加以整合、推理後所產生的附加價值，才是眞正的資訊。不論是散落在網路上的資訊，還是只會把那些資訊撿起來的人，其實都沒有什麼太大用處。若社會大量生產的都是這種程度的人，也難怪國家近年來會一直停滯不前。高中畢業的話已經讀了12年的書，大學畢業的話更是持續讀了16年之久，這麼多年的教育不就是爲了培養從世界收集線索後，在腦袋裡重新加以建構的「智慧」嗎？

我不希望你也變成那些蠢蛋之一，我希望你能夠成爲，一個會藉由自行收集線索來瞭解世界結構的人類，然後在社會中振翅高飛。而各個企業所想要的，也正是擁有這種智慧的人。

因此，實踐接下來我將告訴你的做法，不論對求職前還是求職後都很有幫助，可謂一石二鳥呢。

雖說沒必要花時間對所有考慮應徵的公司都做同樣程度的調查，但到了篩選公司的階段就會需要做企業分析，若是重視未來穩定性的話，更是必不可少。我希望你不要把自己的人生，託付給網路上不負責任的傳言與評論，就算可能有錯也沒關係，要做個態度正確的成年人，要能夠用自己的腦袋思考並做出判斷。

■檢查有無能夠持續的「需求」

首先，該考慮的第1個軸線是「需求」的變化。也就是「支撐著該公司主要營收的市場需求，將來能夠穩定地持續多久？」這種觀點。是否倚賴著人口日益減少的市場？會持續減少嗎？還是需求會增加？會保持穩定嗎？試著自行以5年後、10年後、20年後、30年後等時間長度來做推測，藉此就能大致區別出成長產業與衰退產業。

讓我們以過去的日本環球影城為例，來實際分析看看。我是從二〇一〇年開始坐鎮指揮日本環球影城的經營改造，其每年7百～8百萬的遊客人數當中，有七成以上都來自關西地區。在判斷是否要進該公司時，為了確認日本環球影城的未來前景，當時我第一個檢視的，就是關西地區主題樂園的需求變化，以及日本環球影城開發需求的成長空間有多大。

首先，就關西地區的需求而言，在少子及高齡化的影響下，關西若是這樣繼續下去，已知20年後的活躍人口（會來主題樂園玩的年齡層）將減少兩成以上。也就是20年後營收中七成裡的兩成會消失，即使剩餘的三成營收能繼續維持，以目前營收爲100的話，也是會降到86。

除了未來的需求將降至目前的86%外，還聽說當時每年7百~8百萬那樣的遊客數就已讓經營陷入困難，若是再連同主題樂園的邊際收益率一起想像的話……「肯定破產」！結論是，以二〇一〇年當時的日本環球影城來說，其需求的遞減程度可說是相當大，情況眞的很不妙。

像這樣依據人口的變遷趨勢，來推測需求變化算是很基本的。但除此之外，**還必須將該公司目前賺錢的核心技術，是否會出現替代技術的可能性也納入考**量。別忘了，消費者必定會轉向更便利、更舒適的選擇。就像煤礦被石油取代、電子郵件的普及讓賀年卡沒了銷路、橋樑蓋好了渡輪便乏人問津，這類需求的轉變對產業及企業而言，可是一場大地震。

關於替代技術，儘管無法預測的部分很多，但能夠預測的東西也不少。例如：我二十幾年前進行求職活動時，正好是零售商大榮公司（Daiei）的全盛時期，之後以亞馬遜爲代表的電子商務才剛登場，而能夠預測到電子商務會如此大幅擠壓現有零售商需求的人應該很少。不過，即使是在那個時候，仍有不少人預測原本在日本廉價勞動力的支持下發展起來的家電業，不久將爲韓國及中國所取代。結果後來索尼（Sony）和松下電器（Panasonic）也眞的就放棄了100％純日本製造的電視，改爲向LG採購有機EL面板。

如果以日本環球影城或東京迪士尼這類主題樂園的技術爲例來分析，那麼會對主題樂園型的實境娛樂（Real Etertainment）造成威脅的替代技術，可能包括手機遊戲等即時娛樂（Instant Etertainment）的普及（可利用短暫空檔方便地紓壓）、運用了VR及AR等技術的虛擬娛樂（Virtual Etertainment）功能日益強化的未來（能夠在家輕鬆體驗到更眞實的、人們在主題樂園中所尋求的身歷其境感）等等。這些技術若是繼續發展，情況會變成怎樣？儘管對主題樂園特有之眞實臨場感的需求，應該還是會留下一定比例，但無疑是會朝著需求減少的方向變化，你說是吧？

就像這樣，你要從各種資訊來源取得線索並加以拼湊，在自己的腦袋裡進行推理，然後做出結論。

那麼接著，讓我們再針對支撐著日本經濟的汽車業未來，從需求的觀點來分析看看。基於AI技術的自動駕駛，到底會不會普及呢？自動駕駛對汽車業的需求又會帶來怎樣的影響？你是怎麼想的？

這時有個好用的原則，那就是從大方向來看，**市場需求必定遵循消費者的偏好（相對的青睞程度）**。而消費者的偏好，又必定會持續追求「更便利、更舒適的選擇」。不論觀念老派的人再怎麼強調「駕駛的樂趣」，日本經濟產業省（相當於台灣的經濟部）再怎麼以死板板的規定拖慢自動駕駛的趨勢，全世界的汽車業仍不得不朝著消費者所追求的方向移動。

對於汽車，若從這個角度來思考，自己開車這件事本來就只有修行可言。而勝負的關鍵，就在於消費者有多早意識到這點。如果重視自行駕車的消費者佔多數，那麼自排車應該就不會像現在這樣遠比手排車更普及了。至於自動駕駛，就算沒做什麼太深入的思考，光是整車都在喝酒還是能順利到達目的地這點，就讓人覺得這肯定比較好。而從持續高齡化的角度來看，比起必須靠自身判斷力及駕駛能力才能移動的狀態，ＡＩ時代無疑是更舒適便利且交通事故也比較少的。不用自己開車，也不必擁有汽車，有需要時就叫一台自己喜歡的車來接你，這樣的時代即將到來；而在那樣的時代裡，對汽車的需求想必會大幅減少。

一旦如此假設，在某個程度上，應該就能從個別企業的未來，以及該如何為該時代做好準備等觀點來做出預測。在自動駕駛技術方面，我是覺得比起Google等陣營，無法否認地，豐田汽車（TOYOTA）陣營給人一種落後了足足三圈左右的感覺。雖說豐田似乎動員了大量資金拼命追趕，但在這領域，要拿回延遲的「時間」可沒那麼容易。競爭對手們藉由對新時代來說很管用的數據累積，而得以大幅超前。

不可否認地，汽車製造商以往的成功，似乎拖慢了他們對未來的投資判斷。畢竟汽車業都聚集了一堆愛車人士，也難怪事情會變成這樣。很多公司都缺乏自覺，又過度偏重技術，對傳統技術的依戀，以及對目前自家公司本位主義的堅持，導致了他們沒能趕上從消費者觀點應能清楚看見的新時代。我誠心希望身爲日本經濟支柱的豐田汽車，不僅要趕上新時代，更要展望未來，務必從消費者的角度出發，急起直追，能做的還有很多。

就像這樣，請收集各式各樣的線索資訊，然後以自己的方式來判斷需求。要針對自己所想分析企業之主要營收的未來需求，以及該企業正在試圖開發之新事業的未來需求進行推理。而若連那些需求能帶來多大的市佔率成長空間都想得到，那就眞的很厲害了。因為即使市場需求少了一成，如果市佔率倍增的機率很高的話，該企業就可能成長得比現在要大得多。

■檢查有無能夠持續的「結構」

第2個觀點，是要檢視該公司是否具備，能利用特定需求持續佔有市場的「結構」。這裡所謂的結構，不是短暫的、一時的。其實就是要釐清支撐著該公司目前業績的競爭力來源（核心競爭力，亦即優勢），然後判斷那樣的競爭力是否能持續。具體做法是去分析該公司發揮競爭力的結果，也就是仔細分析使其市佔率改變的因素。而分析時，若發現該公司具有維持市佔率或提升市佔率的，非一時性之軟體面或硬體面，又或是其他各式各樣的能力、具備防止競爭者進入及攻擊等門檻的話，都算是加分。

最具代表性的這種結構之一，就是**專利權、商標權、著作權等智慧財產權**。當購買者支持的理由與某特定專利技術有關，且該公司又能夠壟斷那項專利的話，該公司就可說是具有能維持市佔率的結構。此外，我們行銷人所創造的「品牌」，也是一種受商標權保護的代表性智慧財產，不是什麼人都能隨便拿去做生意，所以也是維持市佔率的強大結構。其他像是進入市場競爭所需之巨大財力及設備投資費用的風險等「進入障礙」，也都可算入能強化市佔率之可持續性的結構。甚至是法律規定、特定人脈、原料的寡佔、對流通的控制力等，舉凡具備各種能有效維持市佔率之結構的企業，就中長期而言都是穩定的。

舉個簡單易懂的具體例子。東京迪士尼強大的市佔率到底從何而來？其市佔率主要來自「迪士尼品牌內容」所提供的軟實力。如果同一市場區域出現了使這種智慧財產過時的競爭，那麼現在東京迪士尼的市佔率想必會大幅降低。想將其營運公司東方樂園（Oriental Land）的未來穩定性納入考量的人，就該檢查是否有這種可能性，然後自行做出判斷。

讓我們來稍微認眞想想。關東地區幾乎沒可能出現足以讓迪士尼過時的（可與之匹敵的）品牌，再加上以迪士尼品牌在同一市場區域開業應是爲契約所禁止；更何況要出現某個競爭對手，這個對手還要能夠做出如東京迪士尼那麼大規模的直接投資（5千億日圓規模），這件事本身的可能性就已經夠低了。基於這些條件，此軟實力可被視爲是一種能夠持續的強大「結構」，只要需求繼續存在，就中長期而言，未來東京迪士尼便可望稱霸關東地區。只由此觀點來分析的話，這就會是一家將來維持穩定可能性很高的企業。

進行這種分析時，若能順便想想最糟的情況，那更好。會破壞迪士尼軟實力的最糟狀況是什麼？這其實有幾種可能性。例如：因醜聞讓迪士尼品牌沾染上，已不再適合販賣夢想與魔法的毀滅性負面形象。或是智慧財產權的期限已到，且無法再延長，導致任何人都能使用米奇米妮，於是附近便開了類似的主題樂園。又或是有受歡迎度可能超越迪士尼的品牌（例如：吉卜力工作室），投入巨額資金在附近蓋了個主題樂園（吉卜力已宣布要在愛知縣建造一個展示型的樂園，所以看來是沒可能）……除了這些之外，若是能夠相信20年後、30年後米奇米妮仍能爲人們所喜愛的話，其結構就是相當強大的。

再來舉個別的例子。請想想可口可樂這家公司，這是一家以碳酸飲料爲中心的巨型跨國企業。支撐著其營收的結構是什麼呢？雖說分析的角度有很多種，不過就我看來，其中特別值得一提的，似乎是「其具壓倒性之龐大規模」確保了可持續性的這一結構。例如：假設我創立了一個競爭對手公司「森岡可樂」來挑戰可口可樂。面對在全球從製造到流通都以具壓倒性的龐大規模稱霸的他們，挑戰者要建立出有利可圖的商業模式可說是極爲困難。面對他們因具超級規模而得以成立的成本結構，對手無法以同樣的消費者價格、投入大量行銷預算的方式來進行長期抗戰。

小規模的森岡可樂若是認眞要做，就只能以不同的價格帶與不同的通路，做成超級利基型的品牌才行。可是這樣就並不算是與世界級的可口可樂競爭。

如果眞想徹底摧毀可口可樂的中心要塞，就必須有巨額資金在背後撐腰，並在已知會大幅虧損好幾年的覺悟下與之對抗，直到該品牌能在該市場上成長到贏過可口可樂爲止。然而，越是擁有巨額資金的聰明人，越不會想冒這種風險，因此，市場上一直都沒出現過主要挑戰者，而這也正是百事可樂等的挑戰一再挫敗的原因。支撐著可口可樂的可持續性的，除了其強大的品牌力外，令主要競爭者難以進入那「規模」應該也是因素之一。

另外補充一下，即使從需求面來檢視，只要人類會口渴、只要全世界的人口仍在持續增加，他們的需求就會繼續增大。想要從穩定性的觀點，來挑選就長期而言適合就職的公司或剩餘資金的投資標的時，可口可樂這樣的企業就是個簡單易懂的好例子。

最後，容我再針對市佔率層面的可持續性，來分析一下先前已檢視過需求面的二〇一〇年時的日本環球影城。前面我說過，光是關西地區的人口減少便足以導致需求降至86％。但在左右了市佔率可持續性的「結構」方面，情況又是如何？

首先，要在縮減已可預見的關西地區，出現能與投入了2～3千億日圓資金的日本環球影城匹敵的主題樂園競爭對手這件事，應可視為是可能性極低的。正如萬博樂園（Expoland，萬博紀念公園附設的遊樂場）的舊址，一度傳出將開設派拉蒙主題樂園但終究還是無疾而終般，相信今後日本環球影城在關西地區，應該也能持續稱霸下去，你說是吧？基於此前提，二〇一〇年的每年遊客人數就市佔率的層面而言，想必是不會有太大的崩跌風險才對。

以上分析是以二〇一〇年的時間點爲前提，所以沒把接下來這個可能性納入考慮。現在的日本環球影城最害怕的，無疑是與大阪的ＩＲ（Integrated

Resort，綜合型渡假村）綁在一起的大規模或高品質主題樂園，眼看就快成形。該狀況一旦形成，肯定會掀起一陣廝殺，會對來客數造成不小的傷害。雖然依做法不同，也可能建立出以加乘效應達成對雙方皆有利的品牌，但這對負責人員的要求實在太高，應該很難做到。

再來把相反的好的一面也分析一下吧。其市佔率成長空間有多大呢？其實從外部是很難正確掌握市佔率的，就連專業人士一般都需支付調查費用購買資料，對學生來說應該是更加困難。但即使如此，**只要能結合公開資訊與個人智慧，就算不精準，也一定能利用比較對手（基準）來大致瞭解市佔率的成長空間**。

讓我們以東京迪士尼的市佔率爲基準，試著評估日本環球影城的最大市佔率成長幅度。首先，關西地區與關東地區的人口比例約爲1比3，假設日本環球影城瞬間移動到東京，在關東地區取得了和在關西一樣水準的市佔率，那麼日本環球影城的每年遊客數便會是約7百萬的3倍，亦即超過2千1百萬人，而當時東京迪士尼的每年遊客人數爲3千萬人左右。由此可知，日本環球影城在關西地區的市佔率，約莫是在關東地區的東京迪士尼市佔率的三分之二。換言之，如果日本環球影城這個品牌能夠奇蹟般地變得跟東京迪士尼一樣強，並因而提升市佔率的話，應該能夠吸引到相當於現在的1.4倍（※1）的遊客數。

再配上先前針對需求所做的評估。縱使二〇一〇年時，日本環球影城每年約7百萬的遊客數，因關西市場縮小而導致需求於20年後縮減爲86%，但在正向因素方面，仍有1.4倍的市佔率成長空間存在。若與迪士尼並駕齊驅的1.4倍預期成長幅度感覺過於樂觀的話，讓我們用一半的1.2倍來假設就好。如果這兩者同時發生，那麼遊客數便會是7百萬人×0.86×1.2＝約720萬人。所以結論是，即使品牌力增強兩成，在關西市場的衰退之下，終究也只能保有差不多相同的水準。

光是以這樣「粗略的分析」來檢視需求面，就足以知道很多。換句話說，二〇一〇年時的日本環球影城，其實是追求穩定者絕對進不得的危險企業呢（笑）。開業已10年的品牌，要在成熟市場裡將市佔率提升20%並非易事。而除非如此，否則7百萬人的遊客數，便會隨著關西市場的規模自然走往6百萬人的道路。但其實這件事並不會眞的發生，畢竟都已假定是低空飛過收支平衡點的狀態，故日本環球影城在遊客數降到6百萬之前就會破產了。

像這種程度的分析，即使是大學生，喔不，就算是國中生，只要願意做就能做得到。只要清楚理解到底想分析什麼，接著收集資料後，剩下的就靠四則運算與邏輯便能搞定。光是這樣，就能讓人取得足夠的資訊來判斷，二〇一〇年當時的日本環球影城並非追求穩定者可進入之企業。

※1：關於即將畢業的求職學生，能運用外部資訊做到什麼程度的分析這部分，以此例來說，若再試著提高分析層次，在從市場區域人口解讀需求時，所謂的每年遊客數資料，其實是包含以年票進場者的「人次」資料，若要推算來自關西地區的遊客數，其實必須以「實際人數」來評估才行。根據當時為上市公司的日本環球影城所公佈之有價證券報告書（不只是日本環球影城，只要是上市公司都能在網路上查到）可知，在那之前幾年的每年遊客人數大約是8百萬人左右，而購買年票重複來訪的約有260萬人次。由此資訊可推估，來自關西地區的「實際人數」應為350萬人左右（推估方法如下：首先是關於日本環球影城遊客數的關西地區依賴度的部分，依據當時東方樂園公司所公佈之東京迪士尼關東遊客數佔整體65％的資料可推測，日本環球影城基於便宜的年票，其關西遊客比重應該更高，至少會有七成。來自關西的遊客比例（7成）＝8百萬人×0.7＝560萬人，而使用年票的遊客有260萬人，所以用一般門票進場的遊客為560萬人－260萬人＝約3百萬人。雖然持有年票者的實際人數未被公佈，但買一張年票至少要來玩3次才划算，因此，平均來訪次數想必會更多。假設平均為5次的話，便可算出以年票入場者的「實際人數」為260萬人÷約5次＝約50萬人。因此，在當時日本環球影城的每年遊客數中，來自關西地區的實際遊客數量為560萬人－260萬人＋50萬人＝350萬人）。另外，東京迪士尼實際上是兩個園區的遊客加起來共3千萬人，故也要考量到來自關東地區之遊客數比例，並以排除了同日造訪迪士尼樂園與海洋之重複人數的

「實際人數」來評估。按估計，東京迪士尼遊客數的關東地區依賴度比例為65％，而持年票到訪東京迪士尼的遊客比例低得可以忽略（不同於日本環球影城，迪士尼的年票很貴，故購買者的比例極低），至於同日造訪迪士尼樂園與海洋之重複人數的比例，則假設是兩成（此資訊完全無從得知，所以就問問身邊的30名學生，依這30人的回答來假設同日造訪兩個園區者的比例）。如此一來，在東京迪士尼的每年遊客數中，來自關東地區的實際遊客數量便是3千萬人÷1.2（同日造訪兩個園區者的比例）×0.65（來自關東地區的比例）＝1625萬人。所以日本環球影城的關西地區350萬人集客力，換到3倍大的關東市場，就會是1050萬人。將此人數與東京迪士尼來自關東地區的實際遊客數量1625萬人做比對，算得市佔率成長空間約為1.55倍。這結果與剛剛的粗略分析相當接近，即使是分析到這種程度，就算是學生，只要願意做，應該也是靠著簡單的計算就足以做到。

實際上，二〇一〇年在判斷到底要不要進日本環球影城工作時，身爲專業行銷人的我，做了遠比註釋所述程度更爲詳盡的分析。但所得到的結論概要，大致與此粗略分析相同。接著我便開始思考，自己能否規劃出有用的策略，來改變通往這種黑暗未來的軌道。

就需求而言，具必要性的似乎是以下的兩個條件（※2）：**一是為了擺脫當時的集客特性**。也就是倚賴日漸縮小之關西市場的特性，無論如何都必須將日本環球影城轉換成「能夠吸引關西以外、全國各地及外國遊客的結構」，否則必定倒閉。**二是為了賺取轉換結構所需之巨額資金**。必須在盡可能不花錢的狀態下，成功實行「可大幅提升關西地區市佔率之措施」。

除非這兩個條件成立，不然我很確定在不久的將來，日本環球影城便會自此消失於關西地區，於是我認真地思考能夠滿足這兩個必要條件的致勝之道。由我來坐鎮指揮的話，能夠找出致勝策略嗎？即使能夠找出策略，對於這必定伴隨著痛苦的重大改革，該公司的體制是能夠給予支援的嗎？經過仔細的思索，並與格倫好好談過後，我決定加入日本環球影城這艘正在下沉中的船。之後我改變了黑暗的未來，成功地讓日本環球影城變成每年遊客數高達1千5百萬人的遊樂園。

若是爲了追求穩定而加入，當時的日本環球影城簡直就是最糟的選擇之一。但藉由挑戰能否改變那殘酷命運一事，反而使之成爲讓我這個行銷人全力以赴的最佳選擇。當時的我亦是如此。**以是否與自己的目的相符為第一要件，不論是找工作還是換工作，只要不符合自身目的，進入業績再怎麼好的企業也沒意義**。希望你務必注意，除非釐清自己的職涯目的，否則不管是企業分析的要點，還是在判斷分析出的資料時，一切都會失焦。

※2：第一個必要條件，就是「哈利波特魔法世界」引進計畫的基礎。而為了滿足第二個條件，我們實行所謂的「複合式精品店策略」，捨棄「僅限電影的樂園」形式，陸續引進了新的家庭區、海賊王、魔物獵人、萬聖驚魂夜、經改造的向後型雲霄飛車等。

讓我順便提一件重要的事。這裡介紹的「需求的持續性」和「**維持競爭優勢之結構」，其實在股票投資的判斷上，也都是非常有效的觀點**。尤其是希望中長期投資成功而非以投機爲目的者，我強烈建議在買進股票前，同樣先對該企業的「需求」與「結構」進行分析。

對於將剩餘資金投注於股票並期望達成中長期成功的人，若要我給點建議，**最重要的是「選擇不賣掉也很好的股票」，其次則是「買進的時機」**。嚴格挑選具長期成長之「需求」與「結構」的公司，然後鎖定該股票，切勿急躁。一定要在大跌時買進，這樣就不必短進短出。畢竟是幾十年來已證實年平均獲利7～8％的全球股票市場，儘管有漲有跌，但我認爲與其隨短線進出而心情上上下下，還不如搭上其結構才眞正穩當。

話雖如此，但其實我本人根本沒在買賣股票（笑）。有鑑於我這個人容易沉迷的特質與專業性，一旦買賣起股票，想必也是會運用數學工具充滿熱情地全心投入。如此一來，我想很可能會發揮出壓倒性的強大力量。不過，由於我的工作充滿了能接觸到許多內幕消息的機會，所以我選擇完全不做股票交易，以免招來誤會。至於不拿去投資就對不起社會的那些剩餘資金，我只以投資信託的方式交由他人操作。

但這並不是我不做股票的根本原因。根本原因在於，增加錢財一事本身無法成為目的、無法維持熱情。要我為了賺取多於必要的財富而做分析，我實在是提不起勁兒。坦白說，我甚至覺得這是在浪費人生的寶貴時光。我只要有基本的收入足以好好養活我們一家、能夠做自己想做的事就夠了。

遠比金錢更能夠激勵我的最大「慾望」，是能夠滿足求知慾的事物。絞盡腦汁自行構思出全新策略，然後把它丟進真實世界試試，看看世界會如何變化。在摒息以待的那一瞬間，我總會想傾注自己的所有熱情，彷彿我就是為了嚐到那種亢奮的滋味才誕生在這世上。

我覺得**每個人都該誠實地順從自己的「慾望」而活**。一直以來只靠著滿足求知慾，我也好好養大了四個孩子，也有足夠的錢能發展自己的嗜好、興趣，偶爾還能收集一下自己最愛的武士刀，錢這種東西畢竟生不帶來死不帶去，所以對我來說這樣就很好了。

儘管如此，我仍是一無所知。都活了46年了，我對這廣大世界的認識程度還不及一顆砂粒的大小。於此說明的觀點，也不過是在這宏偉世界中，於一路走來的小徑上恰巧爲我所關注的部分罷了，而且我也不確定這具有多高的通用正確性。不論對怎樣的人來說，即使是諾貝爾獎得主，未知的世界無疑總是更爲寬廣。對此，你感到沮喪嗎？

對我來說卻是完全相反。這樣的現實令我充滿期待、興奮莫名！若我覺得這世界的絕大部分我都已瞭解，想必生存的力量就會大幅減低。在現在每天的工作與生活中，我還是不斷地遇見未知，並因而有所驚訝、有所感動。即使表面上看來好像在做同樣的事，但只要願意學習，同一條河不會過兩次，累積智慧與知識進而擴大自己世界的過程是充滿著喜悅的。只要擁有求知慾，今後我的世界仍將繼續燦爛，人生還會更有意思。

儘管這只是我的看法，不過我真的覺得，**人生就像是一趟追求未知的有趣事物以擴大自己世界的旅程**。

你會怎麼定義自己的人生呢？直到你立下雄心壯志的時刻到來之前，就邊走邊煩惱，慢慢考慮即可。我只希望你能順從自己的「慾望」，活得直接坦蕩。

第3章

怎樣才能瞭解自己的優勢？

對你來說，本章的內容可能非常重要，因為我打算在此統整一下建立職涯策略的基本路徑。

還不清楚自己想做什麼的你，只要依這樣的順序思考，就能獲得線索以瞭解人生方向、自身特質、自己的優勢與劣勢等，然後我還將告訴你要採取怎樣的步驟來訂立「假設」，以便選擇合適的職能。

很希望能讓你在讀完後覺得「原來以此順序思考就行了！」或者「原來這樣就可以了！」畢竟所謂的職涯策略，根本就沒有那麼精細、複雜，不是什麼大不了的玩意兒。

職涯策略反而是必須要簡單明瞭，才真的能派上用場。讓我們運用接下來將解說的「職涯策略架構」，一起來思考你那「寬廣而筆直的道路」。

首先要確立目的

■目的可以是「假定的」

職涯策略，既是「策略」，就必須先有目的才能發揮作用。策略若是沒有目的，就沒有意義，而目的不夠明確也會無法制訂策略。就算將來會變也沒關係，就算有點模糊也無所謂，請先試著設定你目前的最佳「職涯目的」。

如果你人生想達成的「夢想」很明確，那麼本來應是以該夢想爲最高層次概念的「人生目的」，然後再思考爲了實現該目的，你的職涯要是怎樣的。如此一來，「職涯目的」便會自然而然地變得明確。但實際上這很難做到，因爲你一定覺得自己根本不知道將來的夢想是什麼、想嘗試什麼、想做些什麼、甚至是想不想結婚等，這些你現在根本都無法決定。

基本上，就連「你今天晚飯想吃什麼？」都常常答不出來了，面對「你這輩子想達成什麼？」這類超高層次的嚴肅問題，能有明確答案的人必定更少。說要思考自己的未來也是想不出個所以然，連自己想做什麼都不知道，但選項卻多得不得了，眞不知這到底是怎麼一回事兒。於是在這求職之際，只好像蓋臨時住宅般地，以緊急施工組裝出看似適合自己的暫定「目的」。

不過，我認爲，**「假定」的也行**。在不久的將來，目的和計畫都可能改變，但即使如此，有個做爲基礎的大略目標還是比較好。這時你一定想問，在將來可能改變的假設下臨時抱佛腳，到底有什麼價值？我覺得其價值有二：**一個是可接受性，另一個則是一致性**。

當今後將邁出的第一步，感覺是經過自己思考而得到的一步時，人就比較能夠有信心地向前邁進。即使一路發生了很多事，之後回想起來，對於自己所走的路也才能夠接受。與其漫無計畫地靠著當時的感覺與脊髓反射來過日子，儘管是暫訂也至少能依據其優先順序來走，這樣應該比較能夠接近目的。我認爲這顯然能提升對人生的滿意度。

而另一個一致性指的是，**只要朝著大方向走，就比較容易朝縱向累積職涯**。當然，若暫定的目的突然改變，以致於朝著完全相反的方向走去，這點就不成立。不過，都活了二十幾年（雖然很多人都沒能做到），一般訂定的人生目的不太可能會變得和原來的方向完全相反（絕大多數都是人走反了）。因此，**即使模糊，也最好早點設定目的，開始朝著該方向累積專業「存款」，這樣才能獲得較**

多好處。

「你的人生想達成什麼？你的人生目標爲何？」之類的問題在求職面試時眞的很常會被問到，所以每個人都必須準備好答案才行。我年輕求職時也一樣，拼命想了個當時暫定的「人生目的」，以及爲追求該目的所應有的「職涯目的」，然後朝著那個方向煞有其事地掰出一個好像還滿合理的「應徵動機」（笑）。

■能讓你看清目的的發想法

請試著假定一個你的職涯目的，該怎麼思考呢？這時，若試圖直接從想達成的「事項」或想嘗試的「事情」這類具體的「事」開始思考，往往會很辛苦地陷入僵局，要想出具體的工作或公司的時候也是一樣。雖說想像具體的事對人類來說比較容易，但在這種情況下，由於還沒有評分標準存在，單一的具體防守範圍太過狹隘，故這種發想方式反而無法有效發揮作用。

我的建議是，**不要從具體的「事」開始發想，而是要從「怎樣的狀態」會讓自己開心的未來理想「狀態」開始發想**。這是一直以來在設定行銷目的時，若陷入僵局，我總是會採取的逃脫辦法。當你不知該從何想起時，就當被我唬了也好，請務必一試。

接著，讓我再把這方法說明得更清楚易懂些。舉個例子，假設有個人不知該從何思考起，也完全不知道自己想做些什麼。如此困惑的他，即使以「我到底想掌握哪種職能？」爲題來自問自答，也肯定只會痛苦。這時他不該從那樣的問題開始思考，而是要先試著想想**「自己要變成什麼狀態才會快樂？」**

我剛剛就找了你唸國中的弟弟代替你來做了人體實驗（笑）。首先從大方向來想，自己長大後要變成怎樣才會快樂？覺得要處於怎樣的狀態才會感覺幸福？弟弟回答：「嗯，應該是要有個家，也確實養得起一個家才會快樂吧！」（兒子啊，你眞的長大了！）於是，我又再針對該「狀態」，進一步探詢他所想像的輪廓。有個家的話，你太太要是怎樣的人才會快樂呢？有幾個小孩才會開心呢？（弟弟似乎想生三個小孩，是和我一樣打算跟日本的少子化現象拼了嗎？加油啊！）所謂確實養得起五個人的家庭，是一種怎樣的狀態呢？我問了諸如此類的問題，盡可能挖掘出他腦袋裡的「快樂的成年人的狀態」。

像這樣挖出「理想狀態」後，就可開始思考，爲了實現該理想狀態所需之「具體（事）」爲何？爲了讓自己達到能養活那樣的五人家庭的幸福狀態，有哪些「事」是必要的？弟弟回答說：「這個嘛……應該要能賺到一定程度的收入才行吧！」所以我又問：「那麼，爲了賺到一定程度的收入，有哪些『事』是必要的？」就這樣一層層地慢慢深入探究。

從國中生的弟弟身上推導出來的路徑是這樣的：爲了賺到一定程度的收入，就必須找到適合自己而能賺到一定程度收入的工作，而爲了找到那種工作，就必須具備相應的能力。此外，從有一定社會信任度的大學畢業的人，肯定較有優勢；而爲了在20出頭時成爲這種人，進入能累積這些經驗的大學絕對會比較好；而爲了獲得考得上那種大學的學力，去有優勢的高中唸書肯定會比較好，所以現在得要再用功一點才行。

其實，我本來是想規勸他說：「早些找到自己的寶物，然後不斷勤加琢磨才是實現理想的最佳捷徑。不論高中、大學還是就業，都只是琢磨自身寶物的手段罷了。」但這結果也還算可以接受就是了（笑）。

對他來說，目前暫定的人生目的是「成爲確實養得起一個家的人」，而實現該目標之職涯目的則爲「能夠賺到一定程度的收入」，然後爲此所需採取的策略是「第一步：進入有利於上大學的高中。第二步：考上有利於就業的大學。第三步：找到適合自己而能賺到一定程度收入的工作」。

這其中雖然缺乏如何釐清自身能力適性的觀點，不過由此可看出，即使是國中生，也能從自己的未來夢想中抽取出目的，然後從目的一層層往下制訂策略與戰術，進而連結至今日的行動。儘管內容太粗糙了些，但你該做的也就只是這樣而已。

再舉一個即將畢業的求職學生的例子吧。剛開始求職的我，當時根本看不見自己將來想發展怎樣的專業職能，甚至也不知道該進哪家公司好，完全沒有這類具體想法。心裡只模模糊糊地覺得，在自己僅此一次的人生中，若能夠成爲一個可團結衆人力量做出一番大事業的人，肯定很痛快。而我認爲，最有可能實現該狀態的，應該就是「成爲經營者」。因此，爲了讓「人生能過得痛快」，我將職涯目的暫訂爲「累積成爲經營者所需之技能與經驗」。這時之所以選擇從理想狀態開始發想，老實說，也只是因爲除此之外並無其他思考線索的關係。

就像這樣，從理想狀態開始發展想像，然後再進入具體範疇的思考方式，在考慮職業生涯時是很好的做法。讓我們姑且稱之爲「**從理想狀態開始的發想法**」，也就是從充分條件來發想出必要條件。只要能夠想像目的已達成時的狀態，多半就能更具體地看清構成該理想狀態的元素。

暫定的也行，有點模糊也無所謂，希望你能盡你的全力來思考「目的」。你希望10年後、20年後的自己變成什麼樣呢？處於怎樣的狀態才會快樂呢？

該如何找出你的優勢？

儘管只是假定，一旦目的確定了，就必須朝著該目的制訂策略。而制訂策略時最重要的，就是對於自身「資源」（在商業上，主要分爲人、物、財、資訊、時間，以及智慧財產共六種）的認知。**所謂策略，其實就是在資源分配上的選擇**。因此，依據所握有的資源不同，可採取的策略會有很大變化。於是要釐清職涯策略，就得仔細想想你所擁有的資源。爲了達成先前暫訂的職涯目的，你所掌握的最大、最重要資源爲何？那當然就是，存在於你這個「人」內在的「優勢」。

因此，能夠多早發現自己的優勢並將之認知爲武器，進而將精力集中於琢磨及發展該優勢這點，就區分了職涯的明與暗。未能認知到的優勢就無法運用，也不可能琢磨。接著，我想來試著整理一些，可用來尋找自身優勢的具體思考法。

■「優勢」必定存在於自己喜歡的事情中

對很多人來說，找出自己內在的「優勢」並不容易。不過請放心，有個方法只要你知道了，這件事就沒那麼困難。容我先說明一下這個做法的核心理論。

你應該還記得，**所謂的「優勢」，必須在自己的「『特質』與能發揮該特質之『情境』組合起來時」才能夠產生效果**。而此做法便是反過來利用這兩者組合在一起的結構。

如果很難立刻掌握自己的「特質」，那麼從更容易想像的「情境」來瞭解，就會變得非常容易。從情境出發，便能輕鬆找出特質。換言之，找出「優勢」的**最快捷徑，就是盡可能列出許多令你感覺愉快的社會相關情境（＝在做自己喜歡的事的情境）**。正因爲是你「在做自己喜歡的事的情境」，所以極有可能你的特質已做爲優勢發揮出作用。

想想看，從出生到現在，每個人一定都實行了無限多的「動詞」。而你每個行動的嘗試，不論是帶來好的結果還是帶來壞的結果，都會讓你不斷接收到來自世界的回應。若與人交談獲得了良好回應，通常就會變得喜歡與人交談；若經仔細思考而成功幫助了某人，通常就會變得喜歡思考。這些在無意識下從童年到現在的經驗累積與記憶，應該就決定了今日你的「喜好」與「厭惡」。

今日的你的好惡，可說是反映了自己所擁有的天生特質，你可以把自己喜歡的事情，想成是在一路走來的情境中，「成爲優勢的你的特質」的累積。以如此大量實驗數據之經驗法則所選出來的、對你來說喜歡的「做——」，肯定爲你帶來了好的結果。也正是這個動詞，不論於過去還是未來，都會爲你帶來正向的結果。換句話說，那就是你的「優勢」。

請實際把至今爲止自己曾喜歡的「做——」都列出來。喜歡包包、喜歡刀子這類「名詞」不必列，只需要列出「動詞」。要準備的東西很簡單，只要有大量的便利貼（只需2～3疊用於備註的拇指大小便利貼就夠了）與A4大小的紙張4張（分別先在左上角標記「T」、「C」、「L」及「其他」），還有一支筆即可。

請嘗試以動詞寫出自己喜歡的行動，至少要50個，最好是能寫出1百個左右。將每個行動分別寫在一張便利貼上，然後隨意貼在桌子、書架或牆壁上。不能想得太深入，別想太多，總之，就試著把自己喜歡的事情用「動詞」寫出來。

你寫出了很多「動詞」嗎？如果連幾十個都寫不到，那就去問問很熟知自己的家人或朋友「你覺得我做什麼的時候很投入？」或是把令人懷念的舊照片、影片拿來看，回想從童年時期到現在，自己有哪些時候是很充實的、在做什麼的時候覺得有趣、有哪些事情怎麼做都不會膩……等等，回憶一下這些事情。還有，若曾有過很熱衷的嗜好或社團活動等，可想想在該活動中自己是著迷於做哪些事情？像這樣一邊解開記憶一邊思考，應該就能收集到更多的「動詞」。

如此收集來的動詞會越來越相似，重複性也會越來越高，不過不必在意。例如：「我喜歡思考運動會中騎馬打仗的致勝策略」和「我喜歡思考籃球社在區域賽中的致勝策略」這兩者，其實都是「喜歡思考策略」，基本上是一樣的，這無所謂。重點是，將同一動詞在兩種情境中，都能讓該本人快樂的事實具象化。至少要寫出50張便利貼，重複沒關係，有重複才是正常的。

都已經活了20年以上，**你的優勢必定存在於自己喜歡的事情中**。你至今爲止的成就，是你的優勢所帶來的，而且於今後漫長的人生中也會繼續如此。公司之所以付薪水給你，並不是因爲你努力克服不爲人知的弱點。公司之所以付薪水給你，是因爲你產生出的業績，而該業績是來自於你的優勢，所以公司花錢買的是你的「優勢」。

如果能夠理解這件事，那麼想提高年收入的話，就該懂得發展「優勢」！希望在職業生涯中取得成功的話，就要多多磨練「優勢」！而一切都要從認知優勢開始。

■T型人、C型人、L型人

接著，就該把寫出來的動詞整理、分類一下了。雖說能成爲「優勢」的特質，可以有各種不同定義，不過，將定義劃分得太細反而會導致整理傾向時過於複雜，造成難以運用的問題。因此，我把這世上所有人的優勢（特質）大致分爲三類，建議你從理解特質的大方向開始著手。這三個類型的劃分方式，並非依據無數多的職能種類，也不是依據職能特有個別專業性，而是**依據對任何職能來說都很重要的、身為商業人士的競爭力（基礎能力）來劃分**。

這三個類型就是T型人（Thinking）、C型人（Communication）及L型人（Leadership）。

T、C和L，相當於所謂職能專業性之基礎的競爭力。以運動員來比喻，等同於體能之類的條件。不論是足球技巧、棒球技巧，還是體操技巧等具體的專門技巧，都是建立在體能之上。就和只要體能好，做任何運動都有優勢一樣；只要T、C和L的能力高，則不論選擇任何職能，所能夠習得之專業度上限，以及以該職能成功的機率都會比較高。

而雖說不論選擇哪種職能，T、C和L都很重要，不過，依據三者中何者較為突出，適合的職能仍會有所不同。反之，若三者中有某個特別弱的話，那麼就可以選擇該弱點不至於致命的職能。說得更簡單點，最怕跟人溝通的社交恐懼症患者，還是別選擇以業務銷售技巧為終身武器較為妥當。光看到數字就會起蕁麻疹的人，絕不能以金融分析師為目標。

話雖如此，但不管是T、C還是L，對任何職能來說，都有一定程度的必要性。沒有哪種工作完全用不到T，如果T太弱，不論選擇哪種職能應該都很難完成任務。也沒有完全不需要C的工作，幾乎沒有什麼工作是完全不必跟人打交道的，社交能力的缺乏，會增加一個人在公司裡因人際關係而崩潰的風險。至於L，並不是只有很高的管理階層或創業家才需要，舉凡以自己為起點、對世界發揮某種影響力時，就會需要這種能力。因此，如果有人的L是零，那他就是完全沒有自我，只會照著別人說的去做，這樣的人幾乎是毫無用處。所以要能成功，這三者都有一定程度的必要性。

▼T型人：以思考力／策略性為優勢

【典型的動詞】：「喜歡思考」、「喜歡解決問題」、「喜歡和人辯論」、「喜歡思考致勝策略」、「喜歡數字及計算」、「喜歡唸書」、「喜歡鑽研有興趣的領域」、「喜歡分析」、「喜歡瞭解事物」、「喜歡成功預測結果」、「喜歡以最小的努力獲得最大的成果」、「喜歡玩策略遊戲」、「喜歡想出別人想不到的新點子」……等等。

【典型的興趣】：**T型人的興趣通常都是能滿足求知慾的事物，或是能夠療癒平日過熱的大腦壓力的事物。**好惡及有無興趣，都劃分得相當明確。而最能象徵其本質的，非策略型遊戲莫屬。用手機、電腦、電視遊樂器消磨時間時，比起只靠反射神經的娛樂，T型人更偏好以「戰術」求勝的類型。玩象棋、西洋棋、圍棋等也是基於同樣理由。也有很多人喜歡閱讀、寫程式，或是就直接以研究自己有興趣的領域爲興趣。

【典型的傾向】：**T屬性的人，是在面對挑戰時，追求以自己的思考力解決問題，好滿足「求知慾」與成就感的類型。**這種人一旦閒下來，就會不知不覺地設定起挑戰目標，然後開始用腦玩樂。喜歡沉浸於思考、喜歡深入討論某個議題，也喜歡以燒腦的高度策略性遊戲來殺時間。擅長數字的人，往往會無意識地在塞車時，於前方車輛移動前，玩起以各種計算方式，把車牌號碼的數字化為零之類的小遊戲，或是出現其他類似行爲。T型人習慣在行動前先思考，所以愛操煩憂慮的人也很多，想太多以致於爬不了山的情況時而有之。另外，還經常會被他人認爲是「好辯」、「愛講道理」。

大多數人只要是在有興趣的範圍內，都能夠深入思考，故或許會以爲這樣就是喜歡思考。但其實這和T屬性又有點不一樣，其差別在於是眞的「喜歡思考」，又或只是單純「喜歡接觸有興趣的資訊」。某個人熱衷於取得各式各樣自己最愛的傑尼斯藝人資訊，並不算是T屬性，他喜歡的只是那個產品。

光獲得資訊無法讓T型人滿足，因為這類人除非有用到自己的腦袋，否則就不會覺得好玩。他們會在有興趣的範圍內自行設定某種「研究主題」，然後享受思考本身的樂趣。

例如：對於自己喜歡的藝人，他們可能會無意識地做起像「他最近的曲風變了，今後會朝怎樣的方向走呢？」或是「他如果要更紅，或許該改變標籤設計，還有在媒體上的曝光方式也要改一下才好。」之類的自由研究*。也就是喜歡謎題也喜歡解謎。

▼C型人：以傳達力／與人連結的能力為優勢

【典型的動詞】：「喜歡多交朋友、多認識不同的人」、「喜歡與人見面」、「喜歡說話」、「喜歡聽人說話」、「喜歡在社群網站上和很多人互動」、「喜歡參加人群聚集的活動（派對或餐會、酒聚）」、「喜歡介紹別人互相認識」、「愛講八卦也愛聽八卦」、「喜歡欣賞時尚單品也愛追求流行時髦」……等等。

【典型的興趣】：**C型人基本上以建立人脈為興趣**。其嗜好很多元，多數都是可滿足該本人的與人連結性及社交性，又或是可加強其社交性的事情。在社群網站、LINE或Instagram上很積極的人，也多半都是C型人。所謂的「派對動物」（Party Animal）亦是典型的C型人。這類人爲了拓展人脈，有不少人會去學茶道或茶會禮儀，就連高爾夫球及旅遊等社交活動，也都很開心且廣泛地積極參與，絲毫沒有不情願的樣子。此外，他們非常在意別人怎麼看自己，所以講究流行時尚的人非常多。而且對於不爲人知的好酒吧、好餐廳，以及旅遊資訊等異常熟悉。

【典型的傾向】：C型人整體而言，以溝通能力好及社交性高為特徵。和人相處融洽、與人的連結更廣更深是他們生存的動力。他們表情豐富，很多都魅力十足，會講話又懂得傾聽，待人和善，也很懂得與人保持適當的距離。當然C型人也會遇到合不來的對象，也會因人際關係而煩惱，不過，他們的動力根源依舊是來自「與人連結」，這是他們不變的主要特徵。比起T型或L型的人，爲了使溝通成功，他們掌握與對方溝通之「關鍵時機」的能力，亦即在「受人喜愛的才能」方面可說是格外突出。我個人對這種特質是羨慕到很火大的程度（笑）。

當有某個雖然認識很久但其實根本不熟的人寄喜帖來時，我只覺得「幹嘛寄給我啊……」，而會坦率地感到「開心」的，正是C型人。這是因爲他們重視**與人之間的連結，以及將該連結維持得廣泛而深厚的自己**。故當對方如此重視自

＊注解：日本的自由研究，類似於歐美所謂的獨立研究（Independent study），主要是在寒暑假時由學生自行訂立題目並進行研究，然後於開學時做為一種寒暑假作業來提出報告。

己進而來邀請自己去參加婚禮時，便增加了他們的自我肯定感，於是他們就覺得「很開心」。

要跟很多人聚在一起、要跟不認識的人見面的工作，並不會讓C型人感到痛苦。因爲他們從小就培養出了很快就能與人打成一片、受人喜愛、與人相處融洽的自信。而這樣的自信，讓外向活潑的社交生活成爲可能。於是能依需要說出「我認識XX先生」或「YY小姐是我朋友」之類的話，對C型人來說就變得非常重要。儘管對周遭來說，不論好壞，看起來就是個「八面玲瓏、長袖善舞」的傢伙，但有魅力又善於交際的C型人，在任何群體中都是很受歡迎的。

▼L型人：以引發變化的能力／驅動他人的能力為優勢

【典型的動詞】：「喜歡達成目標」、「喜歡設定很高的目標來挑戰」、「喜歡完成事情」、「喜歡引發很大的變化」、「喜歡自己做決定」、「喜歡帶領人們」、「喜歡在團體中擔任負責任的角色」、「喜歡被自己的正義感驅使而衝動行事」、「喜歡照顧晚輩」、「喜歡對人訴說夢想」、「喜歡鼓勵他人」……等。

【典型的興趣】：由於L型人的人生意義就在於品嚐成就感，故其興趣也反應了這種喜好，大多都是很克己禁欲的。其興趣種類與T型人及C型人重疊，不過，特徵是在進行運動及戶外活動時，往往會沉迷於追求某種「成就感」。若硬要舉出其傾向的話，大概就是那種挑戰目的容易在自己心裡變得很明確的興趣。跑步、跑馬拉松、上健身房等爲其特色。很多經營者都會去挑戰鐵人三項，或許就是因爲L型人的比例較高的關係。而即使不是體育類的嗜好，要讓L型人產生興趣，就一定要有値得挑戰的難度與深度才行。當他們感受到一定程度的成就感，或是反之因太過困難而意識到自己不可能嚐到成就感的話，他們就會突然失去興趣。這類人不僅爲同好們所敬重，還會被視爲硬漢。

【典型的傾向】：L型人總之就是超愛挑戰，也超愛達成目標。藉由自己的行動讓眼前的世界產生好的變化，就是他們生存的意義。雖然能夠承擔的風險大小會隨經驗而有差異，但基本上比起T型人及C型人，這一型的人往往不太把風險當一回事。由於喜歡挑戰，所以不只有成功經驗，也會有相當多挑戰失敗的挫折體驗，因此，精神層面較堅強的人很多。

L屬性的人，在團體中往往是有如老闆般搶眼的存在，每當大家聚在一起，不知爲何，多半都會由他擔任領導者的角色。據統計，那樣的領導才能在孩童時期就已經看得出來。這些人以前在學校，很多都經常擔任學生會主席（副主席）、在社團擔任社長（副社長）、在班上擔任班長（副班長）等管理、統率的職務；在大學的朋友群體中，他們往往也很自然地就成了領導者。依據一個人過去是否經常擔任這類職務、角色，便可較輕易地判斷出其L屬性的有無。

L型人喜歡成爲「山大王」。雖說這與權力慾也有一些共通之處，不過，他們基於想讓世界以自己爲中心轉的願望，爲了願意賦予自己領導角色，能夠不顧自己的痛苦與損失，爲自己認爲正確的事而粉身碎骨。由於目的意識強烈，他們不會因爲些許的困難就氣餒，而是能夠爲了達成目標，帶領著周圍的人一同往前邁進。

是茄子的話，就當個很棒的茄子！

■你的優勢為何？

現在把剛剛寫在便利貼上的各種自己喜歡的「動詞」，依據這三種類型來分類整理，逐一貼至最接近類型的A4紙張上。若覺得有某些動詞無論如何都無法歸類於這三者，沒關係，那就將之排除在外。例如：「喜歡睡覺」或「喜歡吃東西」這些事情人人都愛，和TCL無關，所以就貼在第4張標記「其他」的紙張上。不能想得太深入，畢竟只是要瞭解傾向，所以別猶豫，就迅速地逐一將便利貼分類貼上即可。

將50～100張便利貼都分類好後，貼了最多張便利貼的類型，很可能就代表了你的屬性。依經驗，有八成以上人的喜好會明顯集中於T、C或L其中一者，而其比例T：C：L約為3：3：1，L屬性的人是很少的。此外，也有一些人是同時集中於兩種類型，甚至還有極少數的人是平均分散於三種類型。

集中於單一類型的人，在該方面顯示出非常明確的優勢。由於致勝之道極為清晰，故可毫不猶疑地選擇能發揮該屬性的職能，並追求可磨練該職能的工作。而同時集中於兩種類型的人（我也是這種），很可能就同時具備那兩種優勢，且剩下的一種屬性，便是其顯著弱點，這時就該思考以那兩種優勢組合爲武器的致勝之道。

分散在三種類型的人，會讓人覺得似乎毫無特色，但實際上並非如此。這些人各種事情都還算喜歡，也具備什麼都做得來的靈巧度，這是極爲稀有的特色。只不過就因爲什麼都能做，所以很難用刪去法做決定。這些人在選擇職能時的煩惱程度，應該會比一般人更加倍。但畢竟很稀有，還是要充分發揮其靈巧度才好。選個什麼都能做才有辦法擔得起的職能，便是能夠以自身特色爲武器的最好辦法。

▼特別版：I型人

前面我已介紹過依商業人士之基礎能力T、C、L三大類來區分，藉此粗略掌握自身特質的方法。而若是要再多增加一個類型，我想很多人都會想加進由Innovation（**創新性**）、Imagination（**想像力**）及Creativity（**創造力**）等詞彙所代表的「**能夠想出有趣事物的領域**」。在此，姑且將這種特質稱做「I型人」。

I型人充滿想像力，能想出別人想不到的點子，能率先提出別人遠不及的具體構想，喜歡創造不存在於至今為止的延長線上的事物。

這樣的I特質就創新思維的角度而言，做爲一種「思考力的衍生」，也可算是T屬性之一。

實際上，在我所處的策略建構與高層次的數值分析世界中，除了多元觀點外，著眼點與思想的獨特性也日趨重要。又或是做爲一種Creativity（創造力：構思新點子的能力），I特質亦可視爲是創作者或藝術家等職能所需之技能。在這種情況下，這便相當於司法界的邏輯思維，可算是一種「特定職能所需之專業技能」。

由此可見，這三大分類要再分得多複雜、多細都可以。然而，分類增加越多，其實用性就會越降越低，所以我捨棄第4個分類，選擇以更基礎、範圍更廣的三大分類來講究其單純性。故在前述的三大類型分類練習中，我們還是把I視爲T類型的元素之一。

不過，我還是要強調「I元素」的重要性。不只是T型人，像L型的人也是以替社會帶來變化爲生存意義，因此，其生活本身也是有如「I型人」一般。畢竟對所有人來說，在衆多職業都爲AI入侵的時代，人類特有的附加價值應該主要是來自於I元素才對。

■如何運用優勢來選擇職能？

你的T、C、L傾向檢測結果如何？以從小到大我對你的觀察看來，我想你大概是很極端的「T型人」吧？我滿心期待地預測你是個徹底偏T特質的人。

千萬別悲觀地覺得這樣是能力不均衡，這練習不過是要掌握你自己內在的相對特質，故只要能看出自身傾向就是好事一樁。不論特質爲何，我都希望你能正向看待，畢竟與生俱來的特質便是你的寶物。

像你這樣具有忽視均衡度之明顯偏向者，也算是一種天才。你可以把這想成是「喜歡思考＝命中注定要用思考力來競爭」，亦即非得堂堂正正地以T型人之姿殺出重圍不可！接著，就只剩要選在哪個領域磨練該能力的問題而已。以你來說，「思考的能力＝思考力≒解決問題的能力≒策略性的思維能力」。

以下便讓我來仔細說明，應該要如何發揮各類屬性的優勢，並建構怎樣的職能才好。T型人、C型人及L型人，各有其合適的職能傾向。

▼適合T型人的職能

T型人的基本策略，是以求知慾為燃料來磨練思考力，做出更大的成就，然後透過這樣的良性循環來建立職涯。雖說基本上T屬性適用於所有職能，不過，就格外能活用T特質的職能而言，財務金融、顧問、研究職、各種具專業執照的職業（例如醫師、律師、會計師等）、分析師、行銷企劃類等智力勞動之難度與密度較高的職能，應該都比較有利於T特質的發揮。

對T型人來說，最重要的莫過於，將自己認真鑽研的對象選為「有興趣的領域」。雖說T型人喜歡思考也擅長思考，但那是指對他們來說，能刺激「求知慾」的領域，思考自己沒興趣的東西是會讓他們很痛苦的。有的T型人擅長語言甚於數字，但也有的T型人相反。因此，他們必須選擇足以讓自己湧現熱情進而傾注智慧的範疇才行。職能就是基於該方向來選擇。

舉個簡單易懂的例子。如果有興趣的是法律及法律事物相關領域，那就可選擇法律事物方面的問題解決專家之類的職能，具體出路包括進入司法界，以各種具專業執照的職業（律師、專利律師、代書等），或於企業的法務部門累積經驗。同樣地，若對財務、稅務或會計等很有興趣，則可選擇執業會計師、稅務會計師等專業工作，或是在企業裡擔任財務會計類的職務。如果對行銷有興趣的話，就以行銷人爲目標。如果對金融有興趣的話，則可在專業分工多而細膩的金融業界裡，進一步找出最有興趣的領域，以培養專業。

若思考力就是比別人強一些，能充分發揮該本人這項特徵的職能便是一切。善於思考的人，腦袋好，不論選哪種職能，成功率都高。他們學習工作的速度快，能夠妥善圓滑地完成任務，還很擅長找出傳統做法的可改善之處，技能的習得上限非常高。老實說，在各方面都有優勢。即使進入商業世界，腦袋優秀的人才也是廣受重用，不過，這方面的重點在於，**如何儘早培養出有利於商業的策略思考力**。有環境能讓你盡可能於職涯發展的早期階段，以開闊的視角俯瞰自己的職能領域，並大量累積實務經驗和優質訓練的話，那眞的是非常幸運。

T型人一旦在職能上表現突出，若還同時伴隨有L屬性，那麼在商界晉升爲經營管理階層的機率就會很高。日本環球影城的前CEO格倫・甘培爾便是一位強烈的T型經營者；還有我曾有幸與之對談過的、以7-Eleven創造了便利商店文化的鈴木敏文先生，也是一位突出的T型經營者；亞馬遜的貝佐斯我雖還未見過面，但從其言行表現看來，亦同屬此類。

▼適合C型人的職能

C型人的基本策略，是以良好的人際溝通為武器，在藉由連結人們來創造出全新價值的職能上大放異彩。基本上，只要是以人爲對象的職能，C型人都是有利的，而其中較具代表性的，包括了影視製作、所有的銷售業務工作、PR／公關專家、交易撮合人（談判代表）、涉及許多利益相關人士的企劃工作（廣告代理商等）、記者、政治家等，舉凡人脈建構力很管用的職能，C型人都很佔優勢。

積極地發展朋友關係並增加人脈的C型人，在影視製作業中最能發揮其眞正價值。影視製作業，做爲一種將許多人與構想連結在一起的樞紐，必須把具創意點子的創作者、在製作方面的各種專家、負責宣傳及銷售計畫的商業方面的人，還有提供資金的投資者及銀行等，各式各樣的人拉在一起，才能使製作物具體成形。

此外，適合所有銷售業務類工作，可說是C型人的一大優勢。而銷售技巧出色這點，在AI時代應該也是最不容易失業的選擇之一，畢竟只要買東西的是人，買方想要買到安心與信賴的結構就不會改變。因此，**能夠在購買決策的最後階段直接打中顧客心理的銷售技巧，對企業來說，應該一直都會是提升銷量的「終極武器」**。

於是不論在哪個時代，銷售技巧都是需求最高的職能，頂尖業務員的年收入高於營運總裁的公司並不罕見。而且一旦培養出銷售技巧的核心基礎，即使跳槽換公司，依舊能夠輕易找到工作。當然，要成爲一名成功的銷售業務，並不是非C型人不可，T型人、L型人也可能靠著發揮各自特質的銷售風格而成功。除非是極度不擅長人際溝通，否則，這是多數人都該考慮的職能之一。

除了連接人與人的人際網路能力外，**許多C型人也都擁有出色的傳達力。也就是具備良好簡報資質的人很多**。訓練與經驗的累積固然有其必要性，不過，能將同樣的事情更清楚明確地傳達給對方，並讓對方感覺良好的ＨＯＷ領域優勢者，多半更能備受重用。

Ｃ型人也很適合擔任企業的公關或對外聯繫窗口等如外交官般的職務，在對顧客簡報極重要的行業中，想必很有發揮空間。因此，徹底磨練該優勢，以之爲必殺技進而成爲「簡報鬼才」亦不失爲一良策。畢竟不論是什麼樣的團隊，只要能有一個像這樣的簡報鬼才存在，都會令人感到萬分幸運呢。

▼適合L型人的職能

L型人的基本策略，是運用強烈的目的意識，將自己做為起點來推動周遭，並以使組織發揮高度效能之能力為武器，藉此開拓自身職涯。在Ｌ型人適合的職能中，較具代表性的包括，磨練組織統籌管理能力及決策能力之管理職、經營管理階層、經營者等管理職位；而在橫向上，則適合統整團隊力量朝目的推進的工作、專案經理、製作人、研究開發組長等。這一型的人在公司內部，也很適合擔任經常需兼任此類專案負責人般角色的行銷人員。

L型人很擅長讓別人做出成果。他們最能發揮本領的時候，就是有人把「組織」託付給他們的時候。除了統領直屬於自己的組織外，還能把相關的其他部門或關鍵人物一起拉進來，瞄準目的，並提升團隊效能。具有強烈偏向L屬性特質的人，不論從哪種職能出發，都該以儘早升上管理職爲目標。升得越高，就越有機會充分發揮能力。

L型人擅長以自己為起點引發變化。不論被放在公司的哪個層級裡，即使不具權限，依舊能活躍地傳播資訊與意見，藉由對周遭行使影響力的方式，來試圖進一步改善自己的世界。他們也會關心除自己責任範圍外的人事物，思考彼此間的合作，確認是否有因合作不夠密切而漏接的現象，對於周遭狀況相當注意。

L屬性強烈的人無法成爲所謂的「待命組」，他們總是會有自己的想法，並能夠自行採取行動。與其聽從他人鉅細靡遺的指示做事，這類人多半更樂於自己做決定，而且也很能夠抵抗逆境。

這些L型人的特性，不論在哪種職能中都非常有用，無疑是適用於所有職能的有利特質。我認爲，以創業家或經營者來說，成功率高的應該也是L屬性，畢竟**L屬性的特徵就是擅長用人**。即使自己有某些部分的能力不足，不論T型人、

Thinking　T 型人

喜歡的事情

思考、解決問題、與人辯論、思考致勝策略、計算、唸書、鑽研研究、分析、瞭解事物、成功預測結果……

具特色的興趣

策略型遊戲、象棋、西洋棋、圍棋、閱讀、寫程式……

適合的職種

財務金融、顧問、研究職、各種具專業執照的職業（例如醫師、律師、會計師等）、分析師、行銷企劃類……

Communication　C 型人

喜歡的事情

多交朋友、與人見面、説話、聽人説話、在社群網站上和很多人互動、參加人群聚集的活動、介紹別人互相認識、追求流行時髦……

具特色的興趣

社群網站、派對或高爾夫球、旅遊等活動、流行時尚、美食資訊……

適合的職種

影視製作、所有的銷售業務工作、PR／公關、談判代表、廣告代理商、記者、政治家……

Leadership　L 型人

喜歡的事情

達成目標、設定目標並挑戰、完成事情、引發變化、自己做決定、帶領人們、擔任負責任的角色、照顧他人……

具特色的興趣

跑步、上健身房、鐵人三項、克己禁欲型的嗜好……

適合的職種

管理職、經營者、專案經理、製作人、研究開發組長……

C型人還是L型人，只要是具必要職能的優秀人才，都能雇來並讓他們心甘情願地好好工作。L屬性強烈的人能夠談論願景，釐清組織目的，提高人們的工作意願，並增進整個組織的效能。所掌管的組織越大，其光輝就越是耀眼。

前面我們已經一起探討了大略分爲T、C、L三類的個人特質，以及各類型適合的職能傾向。藉由前面的練習，你應該已能稍微看出自己將來該走的大致方向了吧？對於自己有哪些長處與短處、只要專心磨練哪種特質，它就能成爲寶物等，應該有個粗略的概念了吧？

一旦具有一定程度的Self Awareness後，接著，就只要多多研究並瞭解這世上眾多的職能即可。由於已有明確的問題焦點，故當你有機會去訪問學長姐或向認識的人探聽實際工作狀況時，所花費的時間也會變得比較有意義。然後再從那些好像較適合自己的「眾多正確答案」中，挑出幾個候選選項，進一步仔細考慮該職能。要考慮的重點只有一個，那就是自己的哪種特質似乎能於該職能中充分發揮？應排除的只有少數錯誤選項，就這樣而已。

■勇敢進入能夠累積職能專業的戰場！

身為一顆茄子，要知道自己是個茄子非常重要，但實際上這卻是最困難的。

人們通常都比較瞭解別人。自己到底是茄子、番茄、小黃瓜，還是洋蔥？又是以什麼爲目標？想要做什麼？在這些全都模糊不清的狀態下，就這樣過了二十幾年的。我在你這個年紀的時候也是如此。

如果只是含糊了二十幾年的話也就算了，但實際上有些人即使到了求職時期，仍不曾好好思考過自己是什麼樣的人。他們姑且找了份工作，每天忙於眼前被賦予的任務，於是變得更沒時間、也沒心思認眞思考，一直過著「**毫無策略的職涯生活**」。到底要到什麼時候，才能夠回答「你能做什麼？」這個問題呢？

在西方那樣強調個人主義的文化裡，即使不喜歡，不論是家庭還是學校教育，都一直促使人們從小就要對自己這個「個體」有所自覺。但長期以來持續過著農耕生活，總是從零開始生產並分配給所有人的我們就不是這樣了。從整體的角度來看自己應該是什麼樣的？在團體中，自己應該要是怎樣的好成員？諸如此類的道德紀律教得很多，但傳統上，促進個體自覺的教育可說是相當缺乏。

目前的方式，終究存在著很多不瞭解自己的所謂Self Awareness低落的人。Self Awareness低落的父母，養出Self Awareness低落的孩子，就這樣一再循環。

促進個體自覺的技巧，在現代社會中並未累積。

如果是舊時代，由於軌道很「清楚」又「堅固」，所以這不是問題。大家都認眞唸書，大家都以排名前面的好大學爲目標競爭，大家都選擇進入一流的大企業，大家都拼命工作，然後公司就會照顧員工一輩子。在那個時代，比起意見多又性格強烈的人，更需要的是，大量只具事務處理能力而性格要盡可能服從的「齒輪」。也就是說，**過去的社會並不需要「個體」的覺醒。**

可是現在不同。**一旦看不見軌道，便因無法擺脫老舊的觀念與社會系統，在與世界的競爭之中毫無成長、停滯不前，而形成了「空白的30年」。**

過去曾一度在全球經濟中擁有壓倒性優勢的日本，現在的每人GNP（平均每人國民生產毛額）早已被新加坡給大幅超越。在這個時代，即使擁有以往日本上班族夢想中的1千萬日圓年收入，也不再能過得輕鬆愉快，因爲日本的經濟實力已相對減半。簡單來說就是，現在年收入1千萬日圓的生活，差不多相當於以前家庭平均年收入5百萬日圓的生活；若要在現在過著相當於以前年收入1千萬日圓的生活，那就必須賺到大約2千萬日圓才行。今日家庭年收入1千萬日圓的生活水準，在過去一度富裕的日本，不過是普通家庭的平均生活水準罷了。正因為日本變得太便宜、太窮，所以才會有大量的外國人湧入日本旅遊。換言之，入境遽增是日本國力相對低落的結果。

這完全不是你們這一代人的錯，但儘管遺憾，我還是希望你能想像一下這30年來，日本變得有多麼貧窮，還有接下來又會變成怎樣？若是再這樣迷迷糊糊下去，繼續說著什麼「工作與生活平衡」之類的夢話，社會肯定會更加低落。不是說Work is an important part of your life嗎？怎麼會是二選一還要取得平衡？明明「勤奮」才是日本人最需要的優勢，不奮力工作怎麼行？如果想要過著富裕的生活，至少也要以兩倍於美國人的努力拼命工作才行。這點，看過世界地圖應該就能輕易體會，世界可是個彼此相連的競爭社會。

否定寬鬆教育*的大人們，應該要反省現在的大人反而比孩子更沉浸於「寬鬆」的自甘墮落風潮。畢竟都持續失敗了多年，也該覺醒了，得要好好「拼命」才行。今後的我們，**要在策略上做好準備，要在精神上積極奮戰**。

*注解：是指在日本教育中，相對於嚴格的考試教育，選擇縮減授課時間及內容的一種教育方針。

Self Awareness的低落，即使以個人之間的競爭來說，也是非常不利的。因爲資本主義是以西方式的個人主義爲競爭原理之基本結構。若是不瞭解自己的長處與短處，就無從判斷該集中投資於自己的哪種能力。**人的時間、意志力和體力總有極限，毫無策略的職涯生活無疑是「輸家的配方」**。因爲在競爭社會中，要達到成功的職業生涯，就必須於投資自身資源時妥善地「選擇並集中」，而毫無策略會讓這部分變得困難。

剛畢業的新鮮人Self Awareness低落，若是就這樣進入（像P&G之類的）跨國企業，即使很認眞地與經強烈個人主義訓練過的美國人或印度人競爭，要贏也是極度困難。因爲當你還在忙著整理自覺時，勝負就已經確定。也就是說，**Self Awareness的低落所導致的「毫無策略的職涯生活」正是其問題根源**。

總之，你必須先瞭解自己，然後從能夠發揮自身特質的衆多正確答案裡挑選一個職能，並進入累積該職能的戰場。若是要找工作，就該盡量選擇能依你想學的職能來替你分派職務的公司。

以社會新鮮人來說，願意承諾指派特定職能的公司應該不多，所以你必須將自己的目標職能與選擇該職能的理由，以有利於公司的說法，確實傳達給對方知道才行。公司所想的是「把這個人用在哪裡對公司最有好處？」比起那些跟你說一開始從別的部門做起，將來終究會有機會轉調到你想去的單位的公司，很可能一開始就把你分配到你所期望的、能累積專業經驗的部門的公司。就職能的觀點而言，是比較有吸引力的選擇。

不過這時，是要優先考慮職能的準確度，還是優先考慮其他的「軸心」，會因人而異。如果對職能有著堅定不移的期望，那麼就以職能爲最優先考慮的「軸心」來選擇即可。若是像以前的我那樣，基於想成爲經營者這一模糊目的，要明確說出個職能的話，由於銷售、財務金融、行銷等技能都可選，因此，只要所分派的職務能在這三種職能的範圍內，就可以優先選擇別的軸心。不管怎樣，**總之都取決於你的「軸心」**。

要避開的是無法讓你想像自己能培養出什麼職能的公司。你可以問幾位該公司裡30歲左右的人，瞭解一下他們具備哪些職能？目前是以怎樣的權限做著什麼工作？如果對方無法明快地回答，那就很可能是個無法培育專業的組織。其實很多企業的系統都呈現近似這樣的狀態，故必須小心才行。默默地做著公司指派的工作，偶爾被隨便地調動一下，說是要培養通才，實際上卻是大量生產出在任何領域都不專業的半調子人才。你會想把人生託付給這樣的系統嗎？

如果是很久以前經濟高度成長的時代，由於每家企業都在成長，所以無所謂；但在這個時代，企業無法追求規模上的成長，而是必須與同業在日益縮小的市場中激烈搶奪市佔率，必須在這種質的爭鬥中生存下來才行。能夠繼續保留大量半調子人才的企業很少，**越是半調子的人才，被公司半路踢出來的風險就越是與日俱增**。

結果回過神來才發現，20幾歲的日子轉眼已結束，30幾歲的時光也瞬間飛逝，到了40幾歲，時間又過得更快，不知不覺地便已聽見50歲的腳步聲。然後在充斥著人生百年時代之類恐怖言論的高齡化社會中，退休年齡和可開始請領退休金的年紀又越離越遠，工作者的職業生涯不再是到60歲爲止，無疑是會從65歲、70歲，一路不斷地往後延。

只要能注意到，幾歲都不嫌晚，但能越早注意到當然是越好。要盡可能在較早的階段，**趁著腦袋還很靈活時，刻意選擇能夠提升技能的挑戰來展開旅程**。能夠這麼做的人，比起擁有差不多能力但做不到這點的人，其職涯成功機率必定會產生大幅差異。對手是未經琢磨的礦石，自己則是特意打磨的寶石，耀眼程度當然是很不一樣。除了職涯成就會明顯不同外，過個10年左右，就連年收入也會大不相同，甚至需要換工作時，可做的選擇也會完全不一樣。

若是想過著以自己爲主角的人生，就不能一直沉浸在殭屍們平靜安然地生活著的幻夢中，不能讓別人決定你的職能，不可委身於無法培育專業的組織。身爲一個人，做爲一名專業人士，你必須藉由發揮自身特質來達成職涯自主。將天生具備的特質做爲優勢來發揮，筆直延伸。若現在的環境無論如何都無法讓你發揮特質的話，就去找可以發揮的環境，在那裡重新開始奮鬥！

我剛進P&G時，同樣隸屬於行銷總部，有個大我幾歲、對我非常照顧的前輩，F先生。他具備預測能力極佳的優秀頭腦，而且擁有很不尋常的「特質」，那就是對於理解事物之運作機制有著異常的細膩度與熱情。但他有個弱點一直飽受批評，就是缺乏身處行銷總部所需之獨特領導力。最後，終於被公司告知「你無法成爲品牌經理」。

於是，他決定「轉調至公司內的其他單位」。他從行銷總部轉調到了指揮物流的生產總部，結果竟然就這樣深陷其中，無法自拔。他的「特質」在生產總部得以充分發揮，潛能徹底爆發。在眾人的驚嘆聲中，他成了經歷過數次重要海外任務的王牌，還當上大工廠廠長，徹底出人頭地。他本人回想起來也說，當時還好有獲得行銷總部的引導，眞是太幸運了。

就像這樣，**一旦特質與環境相配，人的潛力便會爆發**。

對茄子而言，自有適合茄子生長的土壤存在。勉強茄子去適應不合適的土壤，甚至是試圖把茄子種成小黃瓜，這些都是行不通的，那樣只會讓茄子變成令人失望的茄子。**如果你是個茄子，就要成為很棒的茄子，是小黃瓜，就要成為很棒的小黃瓜，只要一心一意地努力、持續累積就行了**。若能充分瞭解自己的特質，磨練自己的優勢，並朝著更能發揮該優勢的情境發展，那麼你與生俱來的潛能，一定也會像F先生那樣大大綻放。

第 4 章

行銷自己

讓面試不緊張的神奇魔法

■人為什麼會緊張？

我想，在今年春天的求職活動中，你應該會一連多天連續經歷好幾次的面試才對。雖然以往我也曾有過以受雇方身分參加面試的經驗，不過，以雇用方的身分來說，我可是曾面試過不下數百名的應屆畢業生呢。而依據我的經驗，你最好有心理準備，你的求職面試狀況一如許許多多的前人們，多半都不會如想像得那麼順利。因此，我希望你能放輕鬆，好好地聽我解釋解釋。不只是針對求職面試，也包括今後你將一再經歷的重大會議壓力，為了大幅提升你站在更多人面前時的表現水準，在此，我打算整理出一些我個人的建議。

在這方面，為我所深信的最基礎前提，是**「內容（ＷＨＡＴ：要傳達些什麼）」遠比「傳達方式（ＨＯＷ）」更具重要意義**。別忘了，是你說的內容，而非說話技巧，決定了你的價值。我可以很賭定地說，在最後關頭，或是在人生之中，都不是「傳達方式佔了九成」，而是「**內容佔了十成**」。唯有在擁有內容時，傳達方式才有價值。就像任何數字乘以0都會等於0一樣，沒內容的話，就算講得再怎麼滔滔不絕、口若懸河，也無法讓任何人產生共鳴。對於那種似乎把一切都乘以0的公司，沒被雇用，反而對你的人生來說才是一大利多。

不論是你的求職面試，還是我在數千人面前的演講，最重要的關鍵都一樣。**能否以說話的「內容」而非說話方式來打動人心，正是決定了評價好壞的分歧點**。這就代表了，事前準備時的重點，也不在於「要怎麼說」，而是在於「要說什麼」。無庸置疑地，**能讓對方更充分瞭解你這個人的價值的內容準備，才是重點所在**。

當然，一百分的內容乘以0也還是會變成0，畢竟太糟糕的HOW無法把內容傳達出去，也確實是個困擾。不過一般來說，光是誠懇地用自己熟悉的語言說話，HOW就不太可能是0，可是WHAT（內容）卻很容易爲0。有些人明明說話時WHAT幾乎是0，但卻毫不在乎，死兆星就是在這種人的頭頂上閃耀著光芒。

在考慮ＨＯＷ之前，一定要先考慮ＷＨＡＴ；而爲了開始思考ＷＨＡＴ，你就必須先掌握ＷＨＯ才行。我認爲，**徹底的溝通本身就是一種行銷**。終究還是該以**「要傳達給誰（ＷＨＯ）」→「要傳達些什麼（ＷＨＡＴ）」→「要如何傳達（ＨＯＷ）」**的順序來思考才正確。但其實大多數人根本都沒好好想過ＷＨＡＴ，卻只是一味地把力氣浪費在煩惱ＨＯＷ上。之所以會擔心ＨＯＷ，其實很多時候，原因是出在ＷＨＡＴ太弱。這些人並沒有意識到，是因爲所想的內容很薄弱，所以才會落得要爲傳達方式而煩惱。

如果ＷＨＡＴ（亦即內容）夠實在、夠好，那麼只要用自己的話拼命地傳達給對方就行了。在說的方式上，完全不需要什麼稀奇古怪的技巧，只要是正經公司的面試官，應該都是想著要瞭解你是怎樣的人才對。而且儘管細節部分多少有些差異，但對任何公司來說，會令他們垂涎三尺的人才，往往都有相當多的共通點——那就是Ｔ、Ｃ、Ｌ，也可說就是核心部分是一樣的。

若是已準備好強大的內容，再去準備ＨＯＷ，想必是有加分效果的，但也是適度就好。ＨＯＷ的部分，與其過度介意，順其自然反而還比較好。若你是具強烈Ｃ屬性的人，那就另當別論，不過，基本上所謂「巧妙的說話技巧」這種東西，多半都不是在短時間內能培養出來的。明天的簡報，或是10分鐘後的面試都趕不及。老是想著要巧妙地傳達，反而會一直意識到自己的技巧不足、準備不夠，或是被問到了出乎意料的問題，結果只是讓焦慮感持續放大而已。這樣的焦慮在正式場合中，會爲你招來最恐怖的敵人——「緊張」。

很多即將畢業的求職學生，就是這樣毀了自己。他們在面試前會先猜想各企業的面試官們會問什麼問題，並預先想好答案，在強烈意識到要妥善地回答的「說話方式」狀態下，上場應試。然而，實際到了現場，卻無法以預期的「說話方式」展開面試。自己的想法越是強烈，手就越是冒冷汗，腦袋和嘴巴都變得不管用，別說是妥善回答了，根本就陷入連問題本身都無法準確理解的狀態。平常自己應能輕易做到的事，在有壓力的狀況下，就突然變得無法正常完成。**因爲人類是在有壓力的狀況下會「緊張」的動物**。

讓我再針對緊張這件事多說一些。人類是一旦有所焦慮便會緊張的生物，雖然多少有一些個體差異，不過，做爲一種動物的生存本能，只要還活著，就會一直具有那種避免改變現狀的自然天性。如果現在這座山勉強夠吃，就不會遷移到隔壁那座山以免落到餓死的最糟下場。這點是動物本能，幾乎所有動物的腦袋都具備的維持現狀功能，我們無從選擇。現代人的腦袋也一樣，一旦感覺到焦慮，就會將該焦慮認知為即將到來的「變化」，於是大腦便違反意志，試圖使該行動失敗。這就是**緊張的真面目，是討厭改變的大腦之維持現狀功能**。

以簡報為例，越是重要的簡報，一旦成功就越會造成生活發生很大變化，人際關係和工作的複雜度會大不相同，所以大腦便感到害怕，擔心暴露於壓力下，生存機率會有降低的風險，於是就讓判斷力和肌肉無法如平日般自由運作，試圖使簡報失敗。求職面試時也是一樣，緊張得無法好好說話、腦袋一片空白。也難怪諸如此類的現象會產生，畢竟都是本能在作祟。

但我不論做簡報還是面試，都不會緊張；和名人見面時、在數千人面前講話時，我也從不緊張。而且並不是最近才這樣，而是這20年來一直是如此。為什麼呢？因為我為了把自己從緊張中解放出來，做了「某種準備」。

「某種準備」到底是什麼樣的準備？那就是**預先設計好自己本身這個品牌**，「My Brand」。有了這個準備，我就完全不會想著要把話說得多漂亮、多好，於是就能處於良好狀態。所以在最後關頭的焦慮與意氣便消失，一旦從面試和簡報的緊張中解放出來，就能夠將意識集中於以內容一決勝負的軸心。換言之，只要把我這個人打從心底深信的東西，竭盡全力、原原本本地傳達出去即可。這樣一來，就幾乎不需要特別提起什麼幹勁了。

我是在25歲左右的時候，想到要把自己品牌化。一開始並不是爲了要消除焦慮與緊張，而是爲了要讓缺乏社交性的自己，能夠更容易獲得周遭的認可。

如你所知，以世間的常識來看，我是個程度相當嚴重的「怪咖」，從小就很難與這世界和平相處。越是做一些自己覺得好的事情，就越會與世界產生衝突，導致這世界一直持續不斷地懲罰我。我積極正向的意圖，往往無法爲周遭所理解，天生就帶著這種星宿；而且我也不太會察言觀色，就算難得看懂了別人臉色，要順著那個毛摸，對我來說又更是困難。

在P＆G待了14年，最後一位上司給我的最大改進建議，和第一位上司給的建議完全相同，就是「和別人好好相處」；而這也和小學時班級導師寫在我聯絡簿上的評語一模一樣。沒辦法，畢竟「和別人好好相處」無法成爲我的人生目的。小時候，我母親便罵過我「太離譜！」而從小學時就認識我的你母親，昨晚也罵我：「眞受不了你，從來都沒有社會化過！」看來已經無藥可救。

應該不難想像這樣的我待在P＆G時，於那些忙碌的日子裡，必須一邊和很多人攪和一邊工作是有多麼地辛苦。爲了讓對方喜歡自己，或是爲了提高別人對自己的評價，不論跟誰說話都小心翼翼。像這樣將自己客製化呈現的做法，實在是有夠困難的，儘管腦袋很清楚這弱點，會在我的職涯中到處製造麻煩，但畢竟本來就不擅長迎合別人，所以覺得要投入時間和精神來做這種努力，眞是非常麻煩，讓人萬分痛苦。反正不論我再怎麼小心，怎麼努力，都不會變厲害。這是野豬的習性，同時也是優點，所以很難改變。結果我終究還是會選擇，爲了目的而毫不客氣地與人衝突吧……

其實我一直很想要不被麻煩的職場人際關係給干擾，更專注於自己喜歡的事情。我想以事業創建者的身分，開拓思考的深淵，全心全意地專注於制訂任何人都想不到的策略。

爲了達到這個目標，有沒有什麼辦法可大幅降低與難搞的周遭妥協的成本？基於其迫切的必要性，我想到了一個辦法——

運用行銷手法，建立出能讓自己在社群中，較容易獲得周遭「認可」的結

構，那就是把自己設計成一個品牌。如此一來，每次與人溝通時的風格調性都不變，周遭對自己的印象也會很穩定，評價及形象應該都比較容易固定。簡單地說就是，要讓人覺得「那傢伙就是那樣，因爲在這種部分很有價值，所以……唉啊，拿他沒辦法啦！」不只是讓一、兩個人這麼想，而是**要在自己的周遭建立一致且固定的品牌形象**。這策略就是要讓周圍的人理解我的獨特價值，即使我這個人帶了點刺，也要讓他們習慣我「就是這樣的人」，進而能夠原諒我。其效果之好，遠遠超出我最初的期望。

「My Brand」的設計藍圖，就像是一種終極的魔法方程式，能夠招來使職涯成功的三種效果：

【第一種效果】：能夠從簡報及面試的緊張中解放，過著不再緊張的人生。

【第二種效果】：能夠做爲自身職涯策略的最重要方針來發揮作用。該發展哪種技能、要在哪個行業累積怎樣的成績，才能讓品牌（自己）變強等，這些判斷都會變得很清楚明確。

【第三種效果】：即使一開始藍圖中的理想比例較高，也會漸漸被實際能力給超越，於是便更有機會成爲能以個人名號一決勝負的商業人士。亦即可垂直累積自己的**品牌權益**（Brand equity）。

接著，就讓我把親身體悟到的魔法施展方法，盡可能簡單易懂地傳授給你。

附帶一提，若有想進一步瞭解行銷的基礎知識與基本用語的意義，建議你讀一讀《日本環球影城吸金魔法：打敗不景氣的逆天行銷術》（台灣角川出版），這本書是爲了當時還是高中生的你所寫的。爲了讓任何人都能輕鬆讀懂，我嘗試將行銷的本質給系統化了。

我深信寫在本章中有關行銷技巧的職涯策略應用內容，將能在你今後漫長的職涯中，創造出決定性的差異。因此，容我再次提醒你，對行銷的基本理解，對你自己而言會是極爲有用的知識。**不論選擇哪種職能，為了能夠成功，強烈建議把行銷的基礎思維再次裝進腦袋裡**。那麼，就讓我們繼續吧。

■把自己做成一個品牌

首先，要來理解一下「品牌」。所謂品牌，就是像「法拉利」或「迪士尼樂園」等這些標記、符號，會讓人想到的「意義」及「價值」。而我都說，**品牌正是創造在人類腦袋裡的「銷售機制」的本質**。

舉例來說，如果「豐田汽車（TOYOTA）」未在人們的腦海中，建立起不易故障、卓越可靠的品牌形象，就不可能在全球達到如此高的銷售台數。而一聽到「吉野家」三個字，眼前就會浮現橘色招牌與牛丼這點，亦決定了消費者選擇該品牌的機率。

雖說也有不少人以爲品牌是自然形成的，但事實並非如此。**一流的行銷人擁有專業的知識和技巧，能夠刻意地設計、改造品牌**。爲了提升被消費者選擇的機率，他們會挑出一些相關要素，將該形象逆向融入品牌，好在消費者的腦袋裡建構出那樣的印象。

例如：比起「具有30年前好萊塢電影內容的主題樂園」，「具有消費者最愛內容的主題樂園」被選擇的機率絕對是高得多。所以爲了建立這樣的形象，我便投入各種策略，讓日本環球影城的遊客人數增加了一倍。**這種為了在消費者腦中提高自家公司品牌被選擇的機率，所進行的品牌形象操作，就叫做「品牌化**

（Branding）」，而這品牌化正是行銷工作的核心。

我想說既然如此，那就把自己給品牌化試試。不論是人還是公司，在進行品牌化時，最重要的部分都一樣，那就是**品牌的設計藍圖**。

不太懂行銷的你，現在一定想著「自己的品牌設計藍圖，到底是什麼啊？」爲了讓你有個大略的概念，我決定採取一種稍嫌粗糙的解釋方式——就想成是清楚寫下自己的「角色設定」，然後盡可能每天按照該設定來行動，這樣應該會比較容易理解。

盲目地設計是行不通的。品牌的設計取決於目的，而以求職來說，若不針對提升買方購買自己這個商品的機率來設計，便會失去意義。亦即必須設計成會被面試官或希望獲得其高度評價的對象選擇的形象才行。這便是提高自己被選擇的機率的意思；換言之，就是要釐清策略，好讓買方心中對自己的相對好感（偏好度）能夠增加。我已實際用這種方式成功建構出了相當具優勢的職涯，故對此深信不疑。

只要先好好把這個「My Brand」給設計並定義好，之後就會非常輕鬆。不管是面試、簡報，還是日常生活的一切行爲，都只要記得以一致的行動方式，按照這My Brand的簡單設計藍圖，來讓大家認識自己即可。換句話說，既然「自己」已經確定，就沒必要依對象大幅變更內容本身，只要從一致的品牌定義中，也就是從所謂的設計藍圖中，選擇最有可能打中對方的元素來傳達、行動就行了。

這My Brand會越做越熟練、越做越順手，你再也不用於每次面試前努力編故事。它會在不斷反覆實行的過程中滲入大腦，於是你便能以自然的語言把它講出來。如此一來，心裡當然會產生餘裕，慢慢就變得不緊張了。我就是這樣把自己從商場的緊張中解放出來（不過，如你所知，在衆人面前拉小提琴時，依舊會引發嚴重的「抖抖病」；我想那肯定是因爲在演奏音樂方面，我實在是太不確定、太沒自信的關係）。

像這樣用心地依據自己設計的My Brand來行動，想必也能讓人實際感受到自己正不斷朝著My Brand所指的方向成長。畢竟這是利用了「**行動總是朝著大腦持續注意的方向發展**」這一人類習性，故除非是設計了方向大幅偏離眞實自我的不同人格品牌，否則逐漸接近才是大自然的天意。

今年春天，你剛好要展開求職活動，所以現在正是規劃設計藍圖的最佳時機。先來試著設計「My Brand」吧！一切都由此開始。

別擔心，接著我便會告訴你品牌設計藍圖的結構與意義。我將毫無顧忌地提出建議，讓你知道爲了在今後的職涯中勝出，該怎麼設計My Brand，又有哪些要點應考慮。至於要如何實際應用，當然是由你決定。

■「My Brand」的設計藍圖

首先，請看看下一頁呈現爲三角形的設計藍圖架構。這個三角形叫做**「品牌權益金字塔」**，而這就是品牌的設計藍圖。

不過，說得更精準些，這其實是把我在日常業務中，設計品牌時用的複雜架構圖，針對你的品牌策略用途，所簡化而成的簡易版本。雖說是較簡單的版本，但其基本觀念和實際的品牌設計是一樣的。例如：爲了改造日本環球影城而重新設計品牌時，我也是運用了同樣的概念（只是更細緻、詳盡罷了）。

讓我們從理解此架構圖的意義開始。這是將品牌建構之關鍵——「明確的形

圖表 I　品牌權益金字塔（職涯發展用．簡易版）

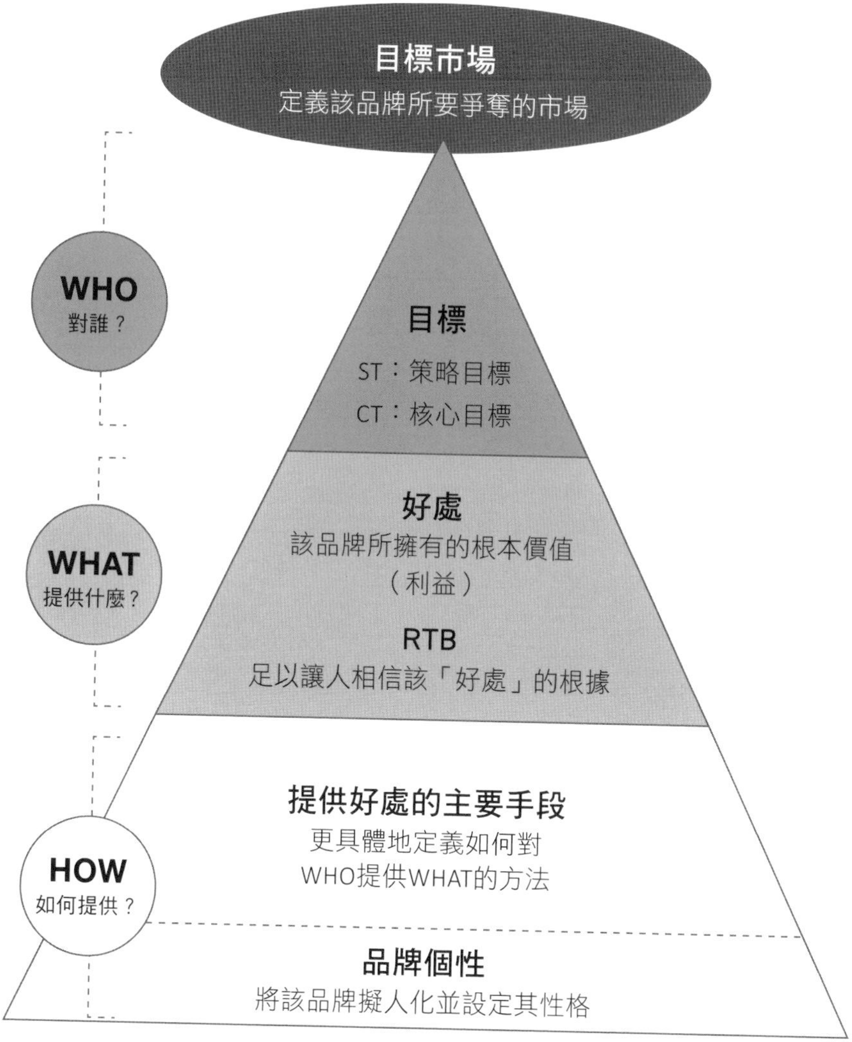

象策略」圖表化，以便用於深入思考。其整體架構從三角形的最上方開始，分成WHO（對誰？）、WHAT（提供什麼？）、HOW（如何提供？）這三大項，而整個金字塔則是插入至位於其頂端的品牌戰場（Market：市場）。

進一步詳細說明其中的文字後，為了能設計出更好的My Brand，我還將繼續解說四大要點。最後以這些說明為基礎，我會舉幾個例子，實際試著將人給品牌化。依此流程，希望能讓你有「喔，原來是這樣做」的感覺，能讓你掌握大略概念，進而實際嘗試運用這三角形來設計自己的My Brand。

【目標市場：從所有的選項中定義出「戰場」】

首先，必須訂定品牌所要進入的活動範圍（Domain：領域），以企業品牌來說，就相當於「市場」、「業界」。例如：日本最具代表性的金融品牌「三菱UFJ銀行」，活動領域是「全球的金融市場」；若將其相關企業的領域也算在內的話，活動範圍可說是極為廣大。而我的老東家P＆G的領域是「全球的家用消費品市場」，日本環球影城的領域則是「亞洲的娛樂市場」。

定義戰場到底有什麼意義呢？沒定義戰場的話，就等於隨時隨地都要戰鬥。這樣的話，企業及品牌經營資源的分配就會變廣、變薄，導致在各個戰場上都戰力枯竭，無法取勝。又或是由於過度集中在狹小範圍，以致於無法達到生存所需之必要營業額；亦即因市場太窄而餓死。所以**領域的設定，基本上要依據目的與自己的經營資源，不能太廣，也不能太窄**。

若將這觀念套用至職涯策略，會變成怎樣呢？就會變成必須依據自己所擁有的資源（Resource），來定義不至於太廣，也不至於太窄的勞動市場。因此，你要思考的是，爲達成第3章所確立的自身目的，應該要在哪個市場建構My Brand？

對某些人來說，這戰場只存在於單一公司內。我想實際上大多數上班族的想法很可能都是如此，只想著要提高自己在公司內部的聲望、要在公司內部升官加薪。但在思考中長期的職涯策略時，對於領域的設定，最好不要只侷限在自己公司，若能夠擴大個1到2輪，在更大的比賽場地上求勝會比較好。

例如：以該本人在就業市場上的職能爲切入點來定義（行銷業、律師業界等），或是以包含該企業的業界來定義（汽車業、觀光業等），也就是最好能從包括目前職場的更大世界來思考My Brand的位置。因爲即使並不總是意識到有換工作的可能性，即使一直待在公司裡，這樣也比較容易讓My Brand變強。這可不是寫下來就算了，若能夠伴隨實際行動，藉由與公司外部的聯繫，擴大眼界，便可獲得更多靈感與成長方面的刺激。

以新鮮人的求職活動來說，正是此領域的設定，決定了你們該要花時間去實際拜訪的企業有哪些，所以這很重要。這世上的公司多如繁星，你不可能全都知道，更何況能夠讓你花一分鐘時間（你應該要花時間）的公司，不過是其中一小部分。不訂出明確的優先順序，就先四處拜訪多家公司的做法，只能說是「有勇無謀」。

請綜合考慮自己的職涯目的、符合自身特質的職能等各項元素，然後以此領域定義來釐清，並寫下該以什麼標準去拜訪企業。

沒錯，你需要的就是「軸心」。在第3章所思考的選擇「軸心」，將在此發揮作用。將這些「軸心」合併考量後，有些人寫下的求職戰場可能是「金融業」，有些人寫的可能是「能夠學習行銷技能的公司」，也有一些人可能會寫出「有利於女性工作的職場」等。每個人都可以自由思考，但軸心本身對任何人而言都是重要的。**因為沒有軸心，便無法運用策略**。

求職活動的時間非常有限。確實釐清軸心以定義領域，爲了釣到想要的「魚」而妥善安排行動的時機、步驟及事前準備工作，藉此提高成功機率，才能取得優勢。

雖說也沒必要把自己搞得太緊張、忙碌，但軸心務必要及早釐清，並確實掌握應要拜訪的「業界」或「企業」的招募流程，否則就會發生事後才驚覺「已經來不及」的憾事。

【WHO：要讓「誰」購買？】

WHO定義的是，品牌的「目標（將資源集中投入的標的）」；而品牌的目標設定主要分成「策略目標（ST：Strategic Target）」與「核心目標（CT：Core Target）」兩種。

策略目標，是指爲了提高品牌被選擇的機率，而盡可能投入經營資源（廣告宣傳費等）的較廣範圍；核心目標，則是指在策略目標中，更集中投入預算的較狹窄範圍。

那麼，若把這觀念套用至職涯策略方面，套用到你的My Brand設計上，會變成怎樣呢？例如：若你要去應徵「森岡商事股份有限公司」的工作，這時你的「策略目標」會是誰呢？所謂的策略目標，就是你應要盡可能花費時間與精力等「資源」，試圖留下符合My Brand形象之印象的較廣範圍。假設你非常想拿到森岡商事的內定資格好了，那ST會是誰呢？請想想看。

ST就是在森岡商事中，「所有可能與你接觸的人」。換言之，從跟你講電話、寫電子郵件的聯絡窗口，到其他不論直接還是間接，舉凡對你的錄取與否之判斷可能造成影響的所有人，都是你的策略目標。在該公司走廊與你擦身而過的人們，當然也是你的ST；甚至在附近的星巴克喘口氣時，也該意識到ST存在於周圍的可能性。

那麼，訪問學長姐時，坐在你面前的前輩呢？這些學長姐當然不是滿懷佛心地來陪你聊天的。社會人士既是使用平日的工作時間，當然就是背負著公司的任務而坐在那兒，故在面對學長姐時，務必小心。雖然每家企業的做法不盡相同，不過，這些學長姐很多都會把跟你見面時的印象回報給公司，甚至擁有推薦權可推薦一定名額的人，或是背負著「篩選」應徵者的任務。

因此，我們可以合理地判斷，做爲在策略目標中應要進一步集中投注精力的對象，我們可將這些學長姐們升格爲「核心目標（CT）」。若是要訪問學長姐，那麼爲了能有好的結果，就該把對方當成面試官來好好準備。你要思考的是，怎麼做才能透過這次的對談，在對方的腦海裡留下My Brand的印象。不過，面試時坐在你面前的「面試官」，才是眞正最重要的核心目標。

接著，讓我們來想想，以新鮮人的身分進了公司後，你的品牌設計藍圖。把核心目標想成，是對你的評價有直接而強烈影響力的人們（像是上司與上司的上司等），並將策略目標想成，是會對評價你的人有所影響而無法忽視的人們（其他部門、同事、內部聲望等），這樣或許會比較容易理解。

定義WHO的根本意義，就在於讓策略的最基礎概念「選擇與集中」成為可能。你的有限資源（時間、精神、力氣等）眞的很稀少，故若是將努力平均分散給市場上的所有對象，那麼每個對象對你的印象都會是膚淺、不明確的，於是各個都無法購買你這個品牌。

【WHAT：要讓人買「什麼」？】

WHAT定義的是，品牌的「價值」。在此，你必須定義購買者購買該品牌的根本理由。而這個價值（購買的根本理由），就是所謂品牌的「好處（利益）」。不論消費者舉出多少理由，其實本質上都是**「情緒性」的決策**，所以WHAT幾乎都是眼睛看不見的東西。

例如：購買日本環球影城門票的人，雖然嘴巴上說的是「要來坐哈利波特的遊樂設施」，但他們真正購買的價值，並不是哈利波特的遊樂設施等眼睛看得到的東西。他們之所以願意付錢，其實是為了獲得在體驗那些遊樂設施時的期待與興奮等「感動」情緒。因此，**WHAT的「好處」就是「感動」**；而哈利波特的遊樂設施，是製造出那種「感動」的裝置，換言之，不過是HOW罷了。

早在設計產品（HOW）之前，行銷人員就必須先明確地定義好要針對哪裡的誰（WHO），提供怎樣的根本價值（WHAT），畢竟消費者買的是「好處」。消費者買的不是電鑽，而是電鑽能夠鑽出來的「漂亮孔洞」。可惜在現實世界裡，有太多經營者都無法深入理解這點。

讓我們把這道理套用到求職的情境試試。對應於這個WHAT的「好處」，就是你這個品牌的根本價值，你必須在此明確定義對目標企業來說，應購買你的理由才行。以開朗善交際又愛講話的P小姐爲例，將其「好處」定義爲「和很多人在一起很開心」，感覺似乎很理所當然，但其實是行不通的。因爲這個好處並不是對P小姐而言的價值，別忘了它應該要是對WHO所定義的My Brand購買者而言的價值。至少要定義成「和任何人都能很快地相處融洽」，否則肯定沒有公司會錄取P小姐。

另外所謂的「RTB」，是屬於WHAT概念下的一個重要詞彙，爲「Reason To Believe」的縮寫，是指**能使對方相信品牌好處的重要因素**。舉例來說，若把「吉田沙保里選手＊」想成是個品牌，則其好處「最強靈長類」的RTB，就是

＊注解：日本著名的女子摔角選手。

其「世界大賽十六連霸」等輝煌戰績。職涯方面的RTB，一般都定義爲實際成就、資格證照等，能讓人客觀地相信其「好處」的根據、證據。

對於把自己的好處放在財務會計領域之高度專業性的人而言，擁有執業會計師或稅務會計師等執照，就是相當有力的RTB。不過，擁有如此傲人資格者畢竟是少數，所以求職時，通常都必須在自己以往的人生中，尋找可成爲RTB的材料。例如：找出學生時代曾經熱衷的事物，並談論自己從中獲得的經驗與成就，以這些爲RTB來讓對方相信你的好處。

【HOW：「如何」讓人購買？】

HOW是指，為了提供好處而採取的手段。不同於對購買方來說不易看見的WHAT，眼睛看得到的品牌元素幾乎全都是HOW。像豐田的汽車、固力果的Pocky餅乾棒、剛剛提到的哈利波特遊樂設施等，所有產品都算是HOW。若是以策略性思維來整理，相對於**WHAT定義的是集中資源的「策略」，HOW定義的則是具體實行該策略的「戰術」計畫。**

那麼，套用至職涯策略時的ＨＯＷ會是什麼呢？這時它代表的就是，將ＷＨＡＴ定義的自身「好處」，提供給由ＷＨＯ訂定的「目標」所需之具體機制。例如：在ＷＨＡＴ方面以「優秀的領導力」爲賣點的Ｑ先生，其所有發揮領導力的具體方式、對目標ＷＨＯ而言，容易聯想到領導力的一切，都是由這個ＨＯＷ來定義。這時，可以設定一些像是「即使身處困境，也善於激勵他人」，或者「始終保持著不受情緒影響，而能做出正確判斷的態度」等可將該種ＷＨＡＴ具體化的風格。

至於最下方的「品牌個性」所定義的，則是將品牌比擬爲人格時，你希望被目標（ＷＨＯ）想成是怎樣的性格？**品牌個性，就是用來定義擬人化品牌的性格的形容詞**。由於消費者多半都是情緒性地對事物做出判斷，因此品牌個性不同，購買機率便會有所變化。

換言之，品牌個性是影響好惡的重要因素之一。例如：假設Ａ、Ｂ兩人的ＷＨＡＴ相同，但Ａ的品牌個性是「積極的」，Ｂ的品牌個性則是「冷靜沉著」，那麼不同的公司或招募人員想必就會有不同的錄取偏好。

以上便是對品牌的設計藍圖「品牌權益金字塔」中的相關文字所做的粗略解說。像這樣圖表化的好處就在於，以你自己的方式來思考，這三角形所指定的各元素，寫出你自己這個品牌，藉由這樣的客觀分析，設計起來就會更容易。這三角形一開始是寫在紙上，最終則是要被收進由WHO所定義的目標的腦袋裡。把這三角形刻印在購買者的腦中，正是所謂的品牌化。

在你實際動手設計前，我希望你能再更瞭解這些詞彙、更熟悉將之應用在人類時的思維方式。爲此，我打算用一個實際的My Brand品牌權益金字塔，來幫助你理解。接下來，就讓我以自己20幾歲時，實際使用過的品牌權益金字塔來爲你解說。

有件事要先說在前頭，這可是20幾歲時的我，剛想到要將自己品牌化時，浮誇地「希望未來會變成這樣」的年輕氣盛罷了。20幾歲時，從未有過「P＆G最強事業創建者」的封號（笑），而我只是以獲得此封號爲目標，每天都認眞依據這樣的設計藍圖來磨練技能，期待能做出重大成績。

讓我大致說明一下。WHO的部分應該很清楚，就是瞄準最正統、標準的評

圖表 II　20幾歲時的「森岡毅」品牌設計藍圖

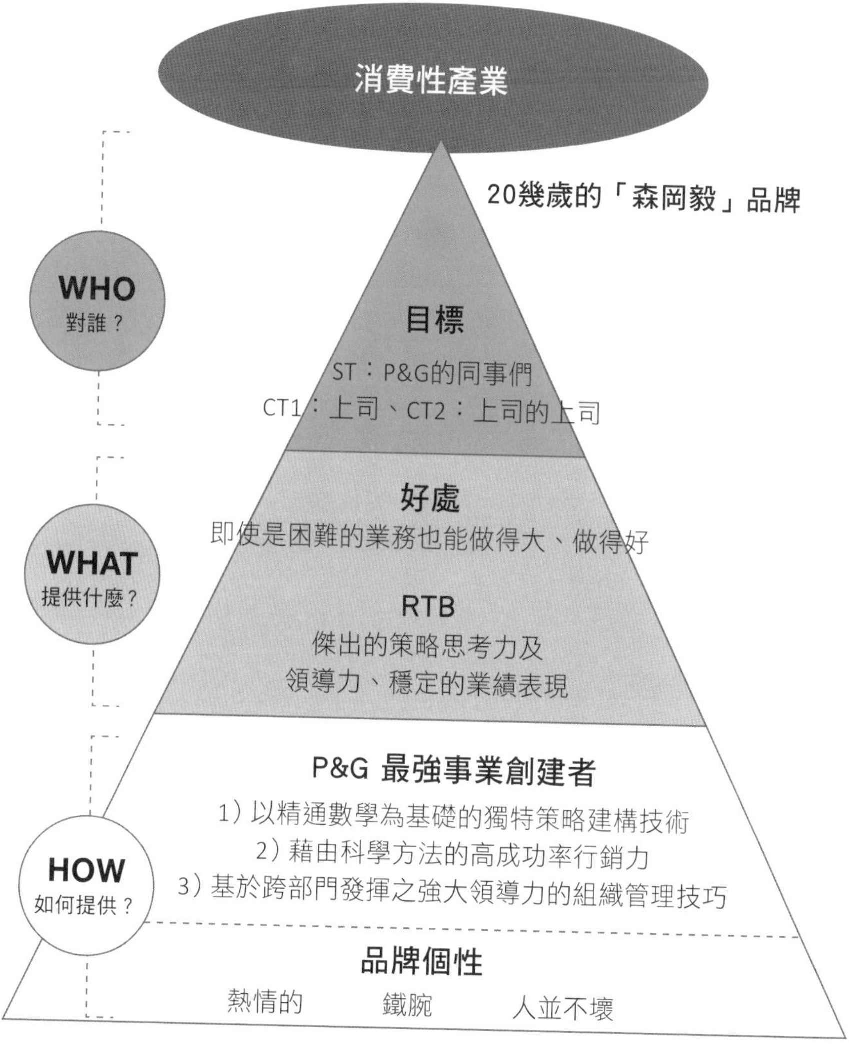
消費性產業
20幾歲的「森岡毅」品牌
WHO
對誰？
目標
ST：P&G的同事們
CT1：上司、CT2：上司的上司
WHAT
提供什麼？
好處
即使是困難的業務也能做得大、做得好
RTB
傑出的策略思考力及
領導力、穩定的業績表現
HOW
如何提供？
P&G 最強事業創建者
1）以精通數學為基礎的獨特策略建構技術
2）藉由科學方法的高成功率行銷力
3）基於跨部門發揮之強大領導力的組織管理技巧
品牌個性
熱情的
鐵腕
人並不壞

價者。然後是WHAT，這「好處」直接反映了我自己當時的願望。我想成為一個能把任何業務都做好、做大的人，我對誰做都行的難度沒興趣，希望挑戰能令人驚訝地覺得「欸？這事業竟然起死回生了！」這種高門檻任務，期望培養出能突破該高難度困境的稀有戰鬥力。後來我之所以會勇敢跳進每年遊客數降至7百萬人左右、有著死兆星在閃耀光芒的日本環球影城，也是基於同樣想法。而RTB的基本策略是以我的特質，亦即以突出的T與L兩者為武器，並且強調能做出「實際成果」。畢竟無須爭議的業績，終究還是最有力的RTB。

關於HOW，儘管我不認為這寫法是最好的，但基本上只要針對WHAT所訂定的策略大方向，定義出實行該策略時，需要更具體地讓周圍怎麼看自己即可。而依據當時的我的想像，自己周遭對於WHAT的「再怎麼困難的業務也能做得大、做得好」的人，大概是會給予「P&G最強事業創建者」之類的封號。於是我便訂定了主要武器的「**策略建構力**」、次要武器的「**行銷力**」和「**組織建構力**」，計畫透過這三種技能的提升，來實現定義為WHAT好處的「即使是困難的業務也能做得大、做得好」這一價值。整個結構就大致如此。

至於最後的品牌個性部分，現在一看，自己當時的苦悶便如鮮血般滲出，令我忍不住苦笑。這三者形容的正是當時的我，以超越熱情的「狂熱」勇往直前，若是撞到牆，就撞到牆倒下爲止，所有擋路的傢伙一律撞個粉碎，總之就是拼命往前衝的野豬「鐵腕」風格。由這兩者可清楚看出，我並不打算反省、改變自己的「特質」，而是打定主意要直接利用這些特質爲優勢來一路挺進。

最令我感慨的是最後一個。沒錯，我正是因爲苦於不擅長拿捏人際關係距離，才想到要建構這樣的設計藍圖。「人並不壞」，到底是什麼意思？想到以前發生的一些事，讓我有點想哭了起來（笑）。我想，當時的我眞的是很希望別人覺得自己並不壞。看來那個時期的我，還是太天眞了。當時的我還不知道，好人還是壞人什麼的，之後都將不再重要。

設計「My Brand」的四個要點

我想你現在應該比較熟悉品牌設計藍圖了，故接下來就要爲你解說，在設計

My Brand時，必須注意哪些要點，才能設計出強而有力的品牌。綜合評估整個品牌設計藍圖，若從如下四個觀點來看都很強的話，該品牌就算是強而有力。

■Valuable：價值夠強嗎？

這是最關鍵的一點，所定義的價值本身夠強是最重要的。因爲如果對對方來說，WHAT（好處）不具有足夠價值，那對方就沒必要購買你。企業想要的人才價值，有很多種模式，自己的價值定義，想必也有各式各樣的正確答案。想用哪種要素取勝都無所謂，但至少選擇用來一決勝負的價值，若能正中對方想要的人物形象要害，就會很強。

大多數企業想要的，就能力傾向而言，不外乎是**擁有優秀思考力的人（T型人）**、**具有優秀人際關係能力的人（C型人）**，以及**具出色領導才能的人（L型人）**。而就人物形象而言，則大多偏好誠懇的人甚於不誠懇的人，偏好責任感強的人甚於不負責任的人，偏好意志堅強的人甚於意志軟弱的人，偏好有活力的人甚於死氣沉沉的人。畢竟公司都希望新人一進來就能立刻長大，因此，難免會想避開個性有點奇怪、可能會出狀況的人，或是比較麻煩需要費心照顧的人。可攻之處很多，請好好思考自己的價值，是否定義得簡明有力。

■Believable：可信嗎？

WHAT講得再怎麼厲害，若無法實際讓對方相信，對方就不會肯定你的價值。結果只會被當成是自我認知有問題的人，或是愛說謊而無法信賴的人。因此，為了讓對方相信自己的價值，你就必須明確地列舉出做為證據的RTB，所以履歷必須要寫得像是證據RTB的展覽般。

若是把自己的優勢，定義為「領導力很強」的話，你的履歷裡就要列出許多事實來證明這點才行。過去未曾以領導者身分做出任何成績的人，即使選擇以領導力為賣點，也無法為他人所採信。一定要明白地舉出RTB，告訴對方你以自己為起點做出改變，統領周遭的人們，克服困難，達成了什麼巨大的成果才行。

其實T型人、C型人、L型人各自的優勢類型都很相似。若只是要講出好處，大家應該都會說出差不多的話，很難實際分出高下。所以面試官才會依據直接交談的感覺來判斷T型、C型、L型的特質強度，並觀察、感受其性格，且不論是招募應屆畢業生還是跳槽轉職者，總是不厭其煩地詢問其實際成就，爲的就是要取得其經歷中的證據。而應屆畢業生由於缺乏實務證據，故會被問到學生生活中的相關經驗。

你可以把WHAT的勝負，想成是取決於好處乘以RTB。如果RTB很有力而且Believable的話，好處的影響力便會增加好幾倍，反之亦然。如果是應屆畢業求職，就從自己至大學生活爲止的人生著手；如果是跳槽換工作，則從至今爲止於自身職涯中所培養的一切著手，務必將相關經驗整理成強而有力、能夠說得出口的RTB。要知道剛見面的人不可能直接接觸得到、看得到你的能力價值。他們所能看到的，只有無法說謊、可以相信的RTB而已。

■Distinctive：突出嗎？

換工作也好，新鮮人求職也罷，若是被埋沒在其他許多應徵者之中，就很難於面試時勝出，所以你需要能讓自己與衆不同的品牌策略。老實說，面試官聽了這麼多大同小異的無聊內容，聽得也很膩了。所以越是有能夠讓你脫穎而出的元素，你被選中的機率想必就越高。那會是什麼元素？怎樣的差異化才理想呢？

就答案而言，這時所需要的差異化，必須能提高被ＷＨＯ選中的機率；所以會降低該機率的差異化，顯然是愚蠢至極。這件事感覺很理所當然，但其實犯這種錯的人相當多。就因爲太想要與眾不同，於是便弄巧成拙而成了怪咖的模式可謂相當常見。像是在面試現場突然來個不必要的搞笑表演，或是一被問到問題就突然皺起眉頭長篇大論地發表意見等，這些都很危險。**為了差異化而做的差異化是行不通的**，請務必小心爲上。

利用好處（ＷＨＡＴ）的力量來凸顯自己是最好的。其次則是以能讓人相信好處的ＲＴＢ內容實體（影響力的大小）來凸顯，這樣能夠強化好處，也是很好的方式。例如：以領導力爲好處時，若能說出「曾在社團活動中，以社長身分帶領社團贏得全國冠軍」這樣的ＲＴＢ的話，那就會相當突出。畢竟能夠帶領團隊在全國大賽中勝出的人，一定累積了不同於一般的領導經驗才對。

此外，利用ＨＯＷ的元素，朝好的方向去凸顯也是上策。如果你的外表、說話方式、行爲舉止等所有動作，都能讓ＷＨＯ更明顯感受到ＷＨＡＴ的價值，並朝著相信該價值的方向強化的話，亦是一大加分。不過，就像我先前說過的，雖然服裝儀容之類的就基礎條件而言確實很重要，但與其以HOW來凸顯，還是該先制訂能以WHAT的價值一決勝負的策略才好。

附帶一提，我面試從未失敗過。我覺得這應該是因爲，我有很仔細地盤算過，怎麼做能夠在對方期待的方向上顯得「Distinctive」。

回想起來，於一九九五年展開求職活動的我，對於面試時（2個面試官對6個學生的形式），聽著很多學生都以談論「阪神大地震的義工經驗」爲自身亮點一事很不以爲然。每個人都說：「我在地震後去做了義工。」這不過就等於在說：「我是個會做義工的好孩子！」而已。我當時心想：「這些人眞是搞不清楚狀況——」每個人都講一樣的話是想怎樣？如果能講出自己在義工活動中，發揮了什麼讓人驚艷的過人領導力的話，那的確很Distinctive；但絕大多數學生都無法講到那個層次。因爲在實際的義工活動中，這些人不過都是聽命行事，也完全不知道在面試中勝出的必要條件爲何。

所以他們根本不是我的對手。我逐一以「我和其他的各位不同……」開頭，用心地運用事先準備好的材料，一股腦地切入不同於先前其他學生們無聊的話題。爲了在面試官心中留下活力旺盛的印象，我講了自己在印尼的搭便車貧窮之旅期間，被送上救護車差點死於登革熱，但最終仍幸運生還的經歷。又爲了給人意志力堅強的印象，我描述自己爲了去看沉沒於菲律賓長灘島之驅逐艦，特地去考到了深潛執照後，帶著備用氧氣瓶突破臨界深度，但卻因水壓太大導致鼻竇血管破裂，儘管潛水面鏡裡有一半都是鼻血，我並未慌張，由於能冷靜處理故得以成功生還的事蹟……

就實際經驗來說，能引起大爆笑的話題，我可是還有好幾個。既然拿來講的話題全都是自己過去的眞實經歷，當然就能講得令對方感覺身歷其境。現在想想，正是因爲那些話很Distinctive，所以我才獲得了認可。儘管當時我，還不具有像品牌權益金字塔那樣明確的策略設計專業，但我想，當時的做法終究讓面試官心中響起「這傢伙到底是絕頂聰明還是超級蠢蛋啊？不過，他確實格局很大，是個有趣的傢伙！」的聲音，成功地讓自己脫穎而出了。

■Congruent：是否與自己的特質一致？

強而有力的價值與精彩的RTB，若只是紙上談兵，那你愛怎麼寫都行，沒良心的話，要跟對方亂吹亂蓋一通也不成問題。若是打算扮演不同人格來爭取任用的話，只要演技夠好，或許也不是毫無機會。但像這樣，把自己設計成不同於眞實自我的另一種人格，對你的職涯成功之路而言，眞的是正確的嗎？

正如先前我一再強調的，**一個人職涯的成功，是以發揮其自身特質為必要條件，以不同人格來設計自身品牌，很顯然是最糟糕的選擇**。

那麼相反地，這品牌應是要設計成原原本本地、適切地傳達，你現在所認知的眞實自己嗎？即使是在非得通過眼前這場面試不可的節骨眼？這麼極端的老實做法我也並不鼓勵就是了。

雖說不能爲了能被選中而說謊，但Spin是有必要的，這是行銷領域的常識。所謂Spin，**是指僅透過切入點及呈現方式的改變，來增加敘述同一事實時的影響效果**。「Spin」這一詞彙最早來自美國，據說意思是指一枝筆放在那兒看起來就只是一根「小棍子」，但若將之快速旋轉，看起來便會像是個「大圓盤」（實際上，不可能眞的把筆轉得那麼快，這只是一種想像式的比喻）。也就是說，你可以毫無顧忌地以更好的方式呈現事實。

要知道，**品牌的設計藍圖，並不是用來精準地呈現現在的真實自己**。更正確地說，**它設計的是於不久的將來，你想成為的自己**。而所使用的材料，是由你的Self Awareness挖掘出的「優勢」，以及在你至今爲止的人生中，藉由發揮優勢而達成的諸多實際成就。請朝著你想要的方向，試著奮力旋轉這些材料，並以盡可能精簡的言語，呈現爲品牌權益金字塔。

這樣應該就能描繪出，與現在的自己「頗有距離感」的理想未來形象。如果看起來不太理想，那就是旋轉得不夠快。如果一個人做不來的話，可以找親朋好友幫忙。

總之，請勇敢地用力轉，別擔心，最糟也不過就是回到現實而已，隨時都行，只要方向正確了，就可以朝著遠方展翅高飛！

在你檢查以此方式描繪的自我設計藍圖時，有兩點很重要：那就是誇張可以，但**①ＲＴＢ等是否都是事實，沒撒謊？②是否有大幅偏離你本來的特質及方**

向？這兩點若有漏洞，就是「不Congruent（與原本的自己不一致）」。

所謂方向偏離，就相當於把茄子弄成小黃瓜的意思。如果你的設計藍圖是寫成「現在雖然是小茄子，但將來會成爲傲人的大茄子！」的話，那就沒問題。若能意識到自己與Spin（旋轉）之間的差距，然後朝著該Spin的方向持續努力，就眞的能夠越來越接近。只要Congruent，這就是可能的。

如果可能，那麼建議你想像10年後的理想自己並加以設計，要是覺得想像遙遠的未來好難，那至少也要試著放進約莫5年後的理想。如此一來，設計藍圖便會引導你前往理想的未來。

你知道我爲何否定扮演不同人格，但卻鼓勵Spin嗎？簡單來說，因爲品牌是Relative（相對的）。與自己形象相同但更強力的人，一旦出現在周遭，自己的品牌就會被削弱。因此，以同方向而言，**要盡量建構越強的權益（淨值）越好，亦即應要一開始就準備好讓人留下深刻印象才行**。

希望你能在與自身本質一致的方向上，設計出讓你想要「成爲這種品牌！」的自己。

所謂職涯，就是行銷自己的旅程

■把自己品牌化的方法

請比較看看下兩頁的兩個品牌權益金字塔，你覺得你會錄取哪一個？

這其實是個眞實案例，幾年前有個即將畢業的求職學生，在某些因緣際會下來找我提供意見。A和B是同一個人，只不過A是他本人寫出來的，B則是經過我Spin（旋轉）後的結果。如何？你會想錄取哪一個呢？

A模式當然也不差，確實有設定出了一個做事認眞老實的好青年形象。然而，考量到其目標企業的錄取難度，這樣的人物感覺到處都有，缺乏吸引力。因此，爲了顯得更Valuable且Distinctive，經訪談該本人後，我以問到的內容爲基礎，嘗試替他重新設計品牌，將其特質朝好的方向凸顯。我心裡想的是，有沒有辦法Spin出一個能讓對方期待「似乎能幫公司做出什麼大事」的品牌。

B模式的確是誇張了點，但對照他的特質，我可是一個謊也沒撒。所謂朝著

圖表Ⅲ 比較兩個My Brand

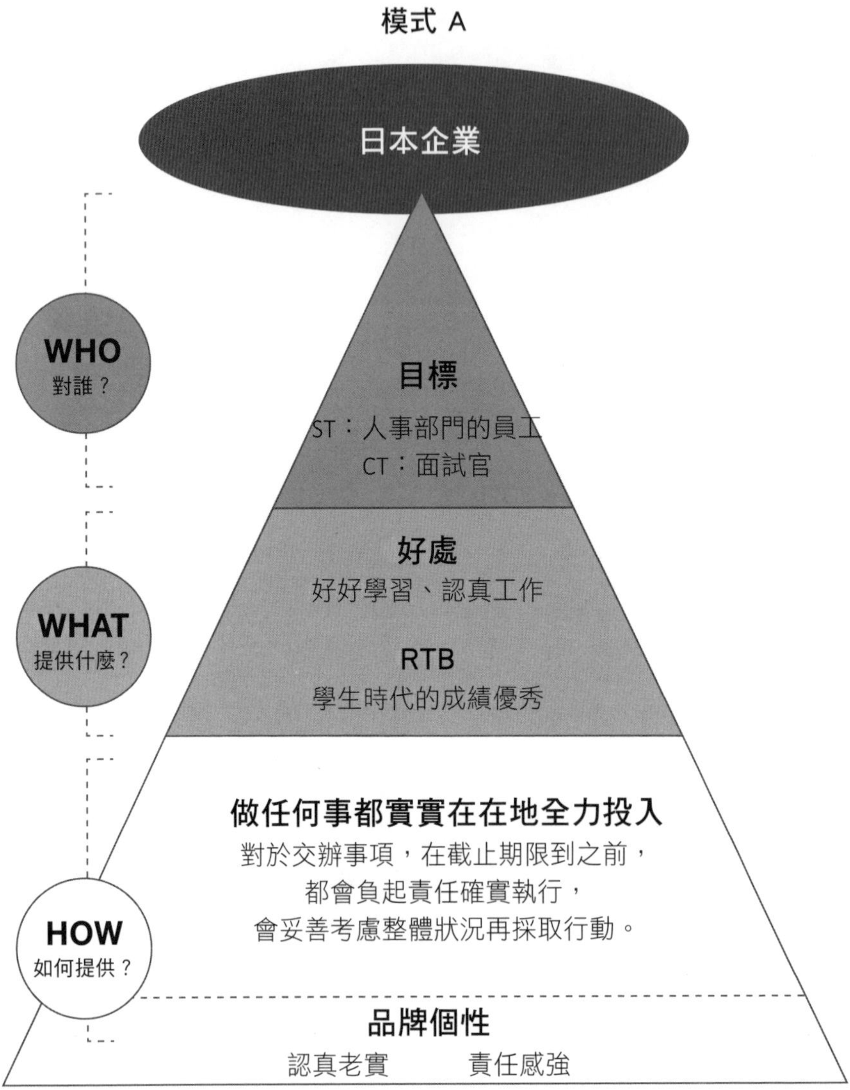
模式 A
日本企業
WHO
對誰？
目標
ST：人事部門的員工
CT：面試官
WHAT
提供什麼？
好處
好好學習、認真工作
RTB
學生時代的成績優秀
HOW
如何提供？
做任何事都實實在在地全力投入
對於交辦事項，在截止期限到之前，
都會負起責任確實執行，
會妥善考慮整體狀況再採取行動。
品牌個性
認真老實
責任感強

圖表Ⅲ 比較兩個My Brand

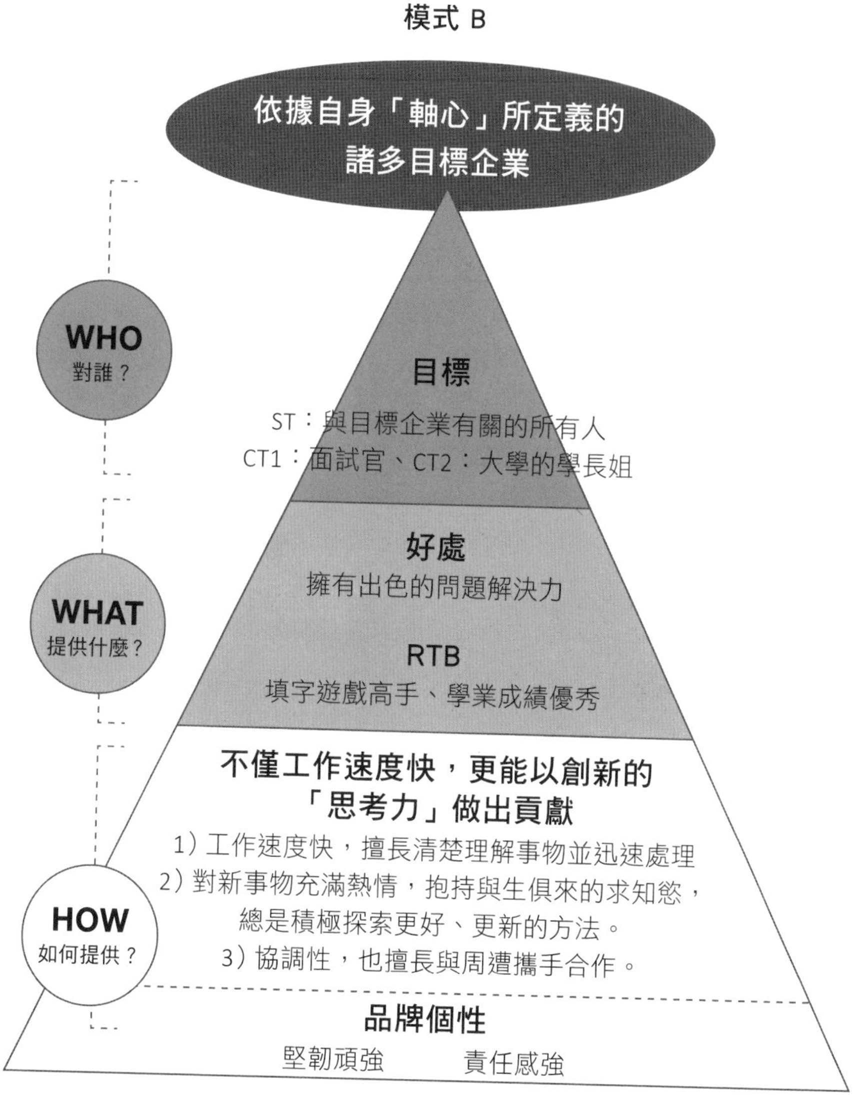
模式 B
依據自身「軸心」所定義的
諸多目標企業
WHO
對誰？
目標
ST：與目標企業有關的所有人
CT1：面試官、CT2：大學的學長姐
WHAT
提供什麼？
好處
擁有出色的問題解決力
RTB
填字遊戲高手、學業成績優秀
HOW
如何提供？
不僅工作速度快，更能以創新的
「思考力」做出貢獻
1）工作速度快，擅長清楚理解事物並迅速處理
2）對新事物充滿熱情，抱持與生俱來的求知慾，
總是積極探索更好、更新的方法。
3）協調性，也擅長與周遭攜手合作。
品牌個性
堅韌頑強
責任感強

自己的方向Spin但不騙人，就是這個意思。而經細問後才發現，性格溫和敦厚、不以唸書和做作業爲苦的他，眞正喜歡的其實是「獲得自己獨特的發現」。於是，我便將之與思考力交錯編織，嘗試提升其好處的Value。就像這樣，你要針對想推銷的對象，將自己的價值更強烈地傳達出去。這和爲了讓對方瞭解商品的好，而進行的行銷工作做的是一樣的事。

至於ＲＴＢ的部分，在校成績良好固然很棒，但光是這樣並不足以引人注目，也無法讓對方留下深刻印象。而這個案例的嗜好是玩塡字遊戲，屬於一有空檔就塡字塡個不停的T型人（笑）。一旦聊起塡字遊戲的相關知識，他說出來的話其實還滿有趣的，因此，我建議他在正式面試時，以此爲題材做準備，務必藉此清楚說明自己是一個能夠多麼快速地處理資訊、對於開拓新思維又是多麼地充滿熱情的人。正因如此，所以我才會把這點列入爲能讓面試官印象深刻的高度問題解決能力的重要ＲＴＢ。我想說，若能以「其實我是太喜歡解謎和解題，結果一個不小心就成了塡字遊戲高手……」起頭，一定能立刻引起對方的興趣。

依據職務不同，嗜好有時也能成為讓人相信好處的有用ＲＴＢ，應能成為職涯武器。

品牌個性的部分我也稍微改了一下。「認眞老實」、「責任感強」的確很好，但這和大多數人講的都一樣。從這個案例的外形看來，他似乎是個纖細的人，而爲了避免給人軟弱的印象，我想到了用「堅韌頑強」這個說法，在不撒謊的前提下形容他的獨特力量，當然本人得要確實表現得堅韌頑強才行。

附帶一提，後來他用B模式的設計藍圖進行求職活動，果然一如預期地拿到了大銀行的內定。

假設你就像這樣仔細推敲琢磨，終於完成了自己的設計藍圖。那麼，下一步該怎麼做你知道嗎？下一步就是要盡可能**採取與品牌權益金字塔所寫的自己一致的行動**。

24小時、360度全方位、365天，如此貫徹到底。出門在外就不用說了，即使在家，也必須以自己就是這樣爲前提，注意自身的行爲舉止。之所以需要這麼徹底，原因就在於必須讓自己如此深信不疑才行。因爲若不採取一致的行動，便無法建構自己的品牌權益。

雖然有一段時期多少會覺得有點煩有點累，但只要持續下去，不久便會習慣。儘管無法立刻成爲理想的自己，但你現在就能立刻成爲認眞地朝著理想的自己而努力的人，你很快就會習慣。只要沒設計成另一個不同人格，這便是可能做到的。就這樣讓自己越來越接近自己所描繪出的理想，Spin（旋轉）一下，即使有些虛張聲勢之嫌，你必定會在不知不覺中開始覺得現實正逐漸接近、甚至已追上那樣的未來。

在把自己品牌化的過程中，有件事你必須小心，那就是所謂的「違反權益（Off Equity）」，**亦即採取與設計藍圖的品牌權益矛盾的行動。一旦做出違反權益的行為，好不容易建立起來的品牌權益就會被破壞，導致品牌瞬間弱化。**

藝人們就經常發生做出違反權益的行爲，結果被大眾以高於一般標準大肆批評的事件。以清純爲賣點的人，其「醜聞」的殺傷力之所以比其他人更大，正是因爲違反權益的關係。由於支持著品牌獲選機率的「品行端正品牌權益」暴跌崩盤，於是人們便再也無法選擇該品牌。

品牌，也可說是一個人想在社會中建立的「自我信用」。希望以「勤奮而精準的工作方式」爲大家所信任的人，就必須比別人更小心遲到和失算等問題。而希望被大家信任爲「領導力很強」的人，越是在組織陷入困境時，爲了整個團隊，就越是必須採取「擋子彈搶第一，吃東西等最後」般的行動。更別說是違反權益的行爲，那絕對是禁忌。

你應該已瞭解，前面在談品牌設計時，所提過的Congruent（與自己的特質一致）的重要性。偏離自身特質的那種他人生活，是不可能長久的。每天都在不斷違反權益，這種品牌實際上不可能建構得出來。

同樣道理，**在漫長的職業生涯中，有些時候可以逃跑，有些時候則不能**。而這判斷，也只要依據你的品牌權益設計藍圖來做就行了。對自己的品牌化來說，不重要的，就可以逃跑。明明是對品牌化而言不具重要性的事情，卻仍逐一努力拼搏，只會導致人生有太多的浪費與繞路；像這類情況，妥善避開是最好的。

至於不能逃跑的，包括了努力拼搏對品牌化來說有很大加分的時候，以及逃跑對品牌化來說是違反權益的時候。當你不能逃跑時，只要還能維持自身健康，就別無選擇，非得全力以赴不可。即使不會有好的結果，既然是對自己的品牌化來說重要的東西，就沒有不戰而退的選項。就算輸了，那種「積極的戰敗」肯定會讓你產生出新的重要觀點，而你只要從該觀點繼續進行品牌化就行了。

將自己品牌化其實是很單純的，不過就是把貫穿自身特質正中心的向量，朝著理想的方向Spin（旋轉）、延展以設計品牌，然後拼命努力採取行動以貼近理想罷了。**這樣應該就能在現在的自己和理想的自己之間的某處，產生出名為「不久的將來的自己」這種新品牌**。

越是實際累積、並加大與權益一致的行動及因而產生的成就，你就必定能獲得「**權益紅利（Equity Bonus）**」。你所做的一切都是爲了這個！

所謂的權益紅利，就是指受惠於品牌權益，而得以增加在對方心中留下的印象。例如：若被認爲是個老實人，那麼不需多費唇舌，對方大部分時候都會相信你，這便是老實人的權益紅利。同樣地，若在自己周遭建立起「策略性的思維能力很強」的品牌權益，那麼你說的話大家都會比較願意聽，內容也肯定較容易獲得認同。

而在其延長線上會有什麼呢？只要依據品牌設計藍圖採取行動，你的品牌便會逐漸成形，變得越來越貼近設計藍圖的樣子。然後你的名聲會從部門傳播到整個公司，不久便進一步傳到整個業界。

爲了要加快這個流程，也有人會用心地針對提升「**品牌認知（Brand-**

Recognition）」。要提升品牌認知，除了可增加和公司外部及獵人頭公司的接觸外，若碰到能以自己的名字一決勝負的機會，即使是高風險、高回報的選項，也很值得一試。

儘管品牌認知確實重要，不過，我覺得也沒必要爲了推銷自己而過度拼命。最重要的還是「**無須爭議的實際成就**」。不管喜不喜歡，創造驚人成就的才能都會讓人走向世界，因爲全世界都一直在尋找能夠發揮出色作用的人才。尤其以優秀的獵才情報網來說，這種人不是想藏就有辦法藏得起來。因此，在認知的形成方面，首先該**全力投入的，只有建構品牌的一致行動與堅持做出成果這兩件事**。若行有餘力，再做自我推銷（Self Promotion）。

你必須把依品牌設計藍圖來累積「基本實力」的努力，放在第一位。畢竟少了實力，建立起的品牌終究是會崩毀的。明明都沒什麼像樣的成就了，怎麼還有時間拼命推銷自己在社群網路上的虛構形象，以和其他優秀的人有所聯繫的錯覺來逃避現實？我希望你能夠不斷自我檢討，問問自己到底今天比昨天多學到了些什麼、有沒有變得更聰明？

建立My Brand這件事，就像能把陽光聚集起來的放大鏡，一定能夠把你從現在開始累積的每一項努力都聚焦在一起，濃縮成巨大能量。品牌的能量越是累積，你的努力的投資效率便會有令人難以置信的大幅提升。能抓住機會做出成就的機率大大增加，於是品牌就變得更強大。請以這種方式把自己建立成「品牌」。

■「換工作」是一種武器

接著，我也想來談一談有關「換工作」的部分。換工作到底是不是必要的？我認爲這部分最基本的前提是，**換工作不過是一種為了達成職涯目的而選擇的手段罷了**。

換工作這件事本身沒有好壞可言，只有在能達成目的時，才是好的。故首先必須要好好釐清目的，確定自己是爲了什麼而換工作。

即使認爲可達成目的而下定決心，仍會有各式各樣的風險存在。換工作到底成不成功，直到穩定至一定程度之前，是不會知道的。因此，在做出該決定的過程中，一種宛如在深夜裡俯視著海底的可怕焦慮感，會一直糾纏不清。所以大多數人都不想換工作，大家都會稍微忍耐，希望盡可能維持現狀。

這點我先前也提過，這就是做爲一種本能而爲動物大腦所具備的維持現狀功能。不管是鹿、野豬還是人，即使對目前這座山有點不滿意、覺得吃不太飽，只要還有辦法活下去，就會盡量避開遷移到別座山去後結果還是餓死的最大風險。**當你開始考慮要冒這個險時，大腦便會製造各種壓力，試圖阻止你的行動，焦慮與緊張便是其產物。**

就因爲有這樣的本能存在，所以我們的理性判斷也經常會有所偏頗。**再怎麼刻意排除偏頗，還是很難逃離本能的框框。**「維持現狀」和「改變」的抉擇就不用說了，就連面臨要往「右」還是往「左」走的抉擇時，儘管自以爲做出了理性的正確判斷，但其實那往往仍是**大腦將變化及風險較少的一方給合理化後的選擇**——這就是人類。

即使如此，若眞的能下定決心那還算好的，很多未經鍛鍊的人們在煩惱了半天後，終究還是選擇了什麼都不選。結果便是繼續維持現狀。動物本能的勝率，眞的是非常高啊。

要單純地針對目的，找出可提高機率的正確路徑並加以選擇，然後下定決心，這其實並不容易，這種能力叫「**決斷力**」。在決斷力方面，具有優秀素養的L型人是極少數，其中有些是以堅強的意志累積經驗而成，有些則是天生理性不受情緒影響的具高度精神變態之特異性質者。**決斷力是很稀有的能力，市場價值非常高，是成為優秀經營者所必須具備的技能**。

絕大多數的人類都未曾做過克服動物本能的訓練，結果就只能「**被動地換工作**」。當現在的公司不再有任何新希望、待起來很痛苦又很難待得下去，而不知該怎麼辦好的時候，才會換工作。**不論過去還是現在，換工作者最常見的真實心聲，都是「為了逃離職場上的人際關係壓力」**。當你覺得繼續待在這座山裡應該會餓死的時候，由於別無選擇，所以遷移到別座山就變得容易。既然不必做什麼重大抉擇，就不會有惱人的壓力。

人類的本質，就是要自保。盡量不做選擇、不做決定也沒關係、最好不會焦慮也沒有壓力、沒有痛苦、變化越少越好、要很安全、很輕鬆，絕大多數的社會人士都是這樣活著。**多數人都無法採取「主動地換工作」這種手段**。姑且不論是好是壞，讓我們先認清這一事實。

在此前提下，你的職涯策略應該要是怎樣的呢？如果你想成功的話；如果那樣的成功需要比別人更高層次的職能的話，如果絕大多數人都無法主動採取的「換工作」這一選項，你卻能依據目的自由運用的話；如果你選擇了比別人更快累積經驗值、比別人更容易做出成果的舞台的話；這難道不會成為你所擁有的強大武器？難道不會是職業生涯上的一大優勢？

以鑽研致勝之道爲興趣的我，在思考自己的職涯策略時發現了這件事。於是便積極地尋找跳槽目標，最後找到了日本環球影城這個選項。我要說的和相對於多數的所謂「**逆向優勢**」類似。這是策略的不變眞理——**做普通人做的事，就只會是普通人**。若是想做出和別人不一樣的結果，就必須做和別人不一樣的事，或是以不同的方式做同樣的事。

那時，我周圍的親朋好友都異口同聲地勸我「別去！」好不容易才在當時的公司踏上了出人頭地之路，明明再熬個四～五年應該就能升官加薪，就算要換工作，也不該選個無助而即將倒閉的遊樂園，至少該選個更好的公司才對吧。大家都狐疑著「到底是爲什麼？」

雖然周遭都無法理解，但我心中的理由卻很明確。因爲我想要到一個遠比繼續待在P＆G更能獲得自身職涯目的所需之技能與經驗的環境。一邊聽著周圍人們的反應，我內心對這次跳槽正是如預期的「逆向操作」一事，感到滿意。亦即**為了提升達成目的之機率而違反動物本能，勇敢地「冒險搬到一座狀況看似不妙的山裡」**。

歸根究底，這取決於「你如何看待職涯目的？」如果你是以不斷挑戰這件事本身爲動力的「挑戰者屬性」的人；或是想嘗試在僅此一次的人生中，將與生俱來的能力發揮到極致，看看能在社會上變得多麼活躍；又或是覺得在這不知將來會發生何事的不透明世界裡，爲了保護自己和重要的人們，必須盡可能培養各種必要技能……。**若是以這些為職涯目的，你就必須將「主動地換工作」這個選項，常態性地納入自己的觀點之中**。

而被動也好，主動也罷，換工作的好處，除了「**增加達成目的之機率**」外，其實還有一個，那就是換工作所帶來的「**促進成長效果**」。人類天生極度怕痛又懶惰，但同時卻又是死到臨頭時，必定會奮力拼搏的動物。如果非得搬到另一座山才能生存下去的話，每個人都具備拼死努力的習性。新環境充滿了不同於以往的刺激，不一樣的看法、新的人際關係、新的工作內容，還有更重要的是面對這些新事物的「緊張感」……。為了生存，不斷一而再、再而三地被迫接受種刺激，人便會覺醒，成長速度便會加快，於是眼界就不斷擴大。

以新進員工的身分開始學習工作，逐漸獲得好評，並成為公司的戰力而為周遭所倚賴。如此一來，在公司裡就能有地位，更重要的是，能建立出累積信任的人際關係。除非是精神病患，否則**大部分人主動換工作時，最擔心的都是「真的要切斷所有人際關係遠走高飛嗎？」**離開P&G時、離開日本環球影城時，這點也都是我最大的痛苦所在。不論經歷多少次，恐怕都無法擺脫那種痛苦。不管是誰，越是投注了自身熱情的職場，遠走高飛時的疼痛就必定越強烈。畢竟是決定要離開倚賴自己的夥伴，這也是理所當然。

我還是希望你能好好思考人類的本質並做出決定。**人類是一種一旦過得舒適愉快，便會立刻停止成長的生物**。逐漸習慣工作並為周圍的人所需要，絕對是很棒的。不過，我希望你能冷靜地檢討，比起一年前的自己，你到底學會了些什麼新東西？如果有一天，你已無法提出明確的答案，那你就該意識到自己的成長已然停滯這一事實。這時你就必須好好思考，在「停滯」的軌道上，你的人生或職涯目的是否依舊清晰可見？對於你這段持續發掘個人天生特質的旅程來說，「停滯」有何意義？又有怎樣的影響？

對我來說，停滯根本不是一個選項。一直以來我總會提醒自己，不能被情感拉著走，一旦覺得舒適，就要立刻改變環境、迎接挑戰。還有辦法在公司內迎接重大挑戰的話，當然就沒有換公司的必要。可是時間一長，要在公司內獲得必要經驗往往會變得越來越困難，於是不知不覺地便開始一再重複同樣的事情，甚至漸漸也不覺得「因多次完成已熟悉的工作而感到輕鬆愉快的自己」有什麼不對。到了這地步，成長肯定已經停止。

我不希望你誤會我的意思，不過，我認爲**越是順利的時候，就越是必須刻意破壞自己舒適的「平衡」**。因爲離開Comfort Zone（舒適圈），新的成長才會開始。正因爲是由強烈的意志所創造出來的積極挑戰，才得以開拓全新世界。而與夥伴們的痛苦離別，也會成爲製造更多新相遇的開始。就因爲振翅飛離了難以割捨的P＆G夥伴們，才能夠遇見無可替代的日本環球影城夥伴們。

希望你務必將能夠擴大世界、提升舞台的這個「**主動換工作**」的手段，也納入你的眼界之中。

■增加職能的訣竅為何？

近來，建議擁有多種職能的聲音越來越大。具備多項職能的好處主要有兩個：首先，是在這前景渾沌不明的世界上，**多職能的人具備不只一種收入來源，所以轉行容易**。而另一個好處則是**可提高自己的市場價值**。

其概念就是將A技能提升到1千人中僅有1人能做到的程度，接著把B技能也提升到1百人中僅有1人能做到的程度，那麼同時具備A技能與B技能的人，便會是1萬人中僅有1人的稀有人才。若再兼具同樣程度的C技能的話，就能成爲1百萬人中僅有1人的超稀有人才。

我也覺得這想法理論上是正確的。因爲與其在一種職能上達到1百萬人中只有1人能做到的程度，透過搭配組合的獨特性，來成爲1百萬人中僅有1人的稀有人才，無疑可能性較高。

不過，在增加職能方面，有幾點必須注意：

最需要注意的，就是可能變成半調子的問題。自己是不是1百人中只有1個的人才這件事，無法客觀得知，而且基本上第一種技能A到底需要學到什麼程度，也是依目的而定。到底該精通一種技能到什麼程度這點，在職業生涯的途中是很難知道的。更何況，技能A放著不用，很快就會生疏，不久就會被持續做出成果的競爭對手們趕上，甚至超越。於是便會擔心這時去學技能B真的沒問題嗎？由於每個人的資源都有限，如果這個也學那個也要，弄得每種都只是半調子的話，每個武器的火力都不足以成為自己的必殺技。

對於這個問題，我的答案是只能以「**80／20法則**」來思考，並依據每個人各自的目的來做出合適選擇。基於效果會隨努力遞減的原則，把新技能B做到80分程度所需的努力，很可能比將現階段已90分的A技能，再提升10分至100分所需的努力要少。將主要武器維持於最大功率，再以60～80分的火力程度，多裝備新的一到兩個次要武器，我認為這是相當實際可行的做法。與其鎖定單一科目全力以赴，堅持要拿到滿分，在三個科目上都拿到80分所付出的精力，搞不好還比較少。擁有多種職能比較划算的理論，應該是成立的。

不過，這僅限於本身的職涯目的，適合擁有多種職能的情況。如果考試只考一科，三科都能拿到80分就沒意義，反倒是一科能夠出色地拿到近100分滿分的人，肯定比較有利。**因為一旦被視為是「該領域的第一人」，在品牌化方面就會有各式各樣的紅利**。這說的可不只是什麼日本第一或世界第一之類的誇張情境，光是能被說成「在我們部門，以業務技巧來說，她可是擁有前三名實力的王牌呢！」就很不得了了。因此，**先讓主要武器具備足夠火力，便是你的第一要務**。

其次該注意的是，可能偏離自身軸心的問題。這容易發生在以職涯避險爲目的而增加職能的情況。亦即從目前的工作擴增職涯範圍之意圖強烈，以致於試圖裝備不符合自身職涯目的，或特質的次要武器這類錯誤行動。

雖說以自己的武器來說，值得擁有的正確選擇很多，而且要擁有多少個哪種武器是依目的而定，其實無所謂，但若是選了不適合自己的武器，終究是學不會，也無法成功。再加上若是這些武器各個都差得很遠的話，那麼就和一家公司擁有多種毫無關聯的事業一樣可惜，既不具綜效（Synergy），又背負了使自身資源更加分散的風險。**務必注意在選擇次要武器時，必須沿著「軸心」的原則依舊不變。**

對於這些問題，我的答案是運用品牌權益金字塔，嘗試將發展型的My Brand未來形象策略化。在增加職能、升級職能（職能的向上相容）時，品牌的設計藍圖眞的很有用。**職能不是只要增加就好，增加職能的訣竅在於要以「綜效（Synergy）」為目標**。怎樣才能達成自己的職涯目的？若該目的已達成，你是否能看見下一個新目的？

你可以一邊盯著My Brand的設計藍圖一邊思考，也就是要在強化自身品牌權益的策略基礎上增加職能。一個人具有怎樣的專業性，會導致他做爲一個品牌的價値（WHAT）有所改變。別忘了，這很可能成爲對該WHAT有直接影響的RTB。

就此意義而言，從似乎與第一種職能培養出之權益具加乘效應（綜效）的第二種技能中，選擇符合自身特質的（有興趣的、喜歡的），可說就是最具策略性的做法。**結合主要武器與次要武器，便能夠增加自身職涯目的之達成機率的第二**

種職能選擇，才是最明智的抉擇。

舉例來說，若是以「會計」的職能爲目標，開始發展職業生涯，你當然能以企業會計人的身分，一個勁兒地累積專業，立志成爲專家等級。但其實你也可以選擇不同的職業生涯，像是取得「財務」及思考企業成長策略的「企劃」等職能來做爲次要武器，然後結合這三種技能，立志成爲統整財務功能之職能的向上相容角色，例如：以擔任企業的CFO（首席財務長）爲職涯目標。如此便會誕生出格外擅長「會計」，也很懂「財務」與「企劃」的CFO。

也以我自己爲例來說明一下好了。最初建立先前介紹的My Brand權益金字塔時，我以「成爲強大經營者所需之技能」爲目標，加進了三種職能的學習計劃。

我做爲一名專業人士的主要武器，從過去到現在都未曾改變，那就是身爲策略專家的「策略建構力」，而「行銷力」其實是我的次要武器。但在屢敗屢戰、百折不撓之後，卻也能夠發揮出不輸主要武器的強大火力。除此之外的火力強大次要武器，還有爲我所刻意累積經驗與專業性的「組織建構力」。在P&G時，我一邊做著本業業務，同時也積極地自願參與對自己的考績沒什麼幫助的培訓及徵才招聘、組織重組專案等組織相關工作，以累積經驗。

不管是「策略專家」、「行銷人」，還是「組織建設者」，這些都是單一個便足以餬口的傲人職能。但我則是藉由同時兼具高水準的這三種技能，讓自己變得越來越稀有，而且這樣就會產生「加乘效應」，這很重要。

具備於戰場上以無與倫比的武力取勝之「行銷力」時，「策略建構力」的價值便會加倍耀眼。而「行銷力」的價值，也會在具備可找出能發揮該力量之戰局的「策略建構力」時，顯得加倍耀眼。此外，比起計畫那些「策略」和「行銷」，要在因業績低迷而疲敝的組織中，實際予以實行的難度更是高得多。故若具有「組織建構力」能建立可戰鬥的組織，便能夠進一步使「策略建構力」和「行銷力」加倍耀眼。

簡言之，這三種職能之間具有可增強彼此價值的關係性，而且這三者也是在同一戰場上同時被使用的可能性極高的一種組合。以我來說，只要是在挑戰高難度的商業課題時，就能同時連結三者並予以鍛鍊。不需要爲了學習各個技能而花費序列性的時間去分別累積經驗這點，也是綜效帶來的好處。

我認爲能以三個一組的方式，同時擁有這三者，就能成爲做得出成果的商業人士。能做出成果的商業人士，所需的職能當然有很多，但在我考量綜效的前提下，依自己的目的與特質來選擇合適的職能，結果選出的便是這三者。於這三者以多層次方式擴大觀點的過程中，我結合並兼具「**策略**」、「**行銷**」、「**組織**」這三項，漸漸地，就達到了「CMO（首席行銷長）」及「經營者」、「創業家」的領域。甚至有些景色是受惠於加乘效應才得以看見呢。

我想，在進一步加強實現My Brand的過程中，與生俱來的稀有價值和全新的可能性，一定都會一個接著一個地成爲你的囊中物！

第5章

讓我們來談談那些艱難的時刻

人在什麼時候最痛苦呢？絕不是一直工作、一直工作而忙得要死的時候。當公司、上司或周遭的人對你評價很差時，確實會很難受，但那也還不是最痛苦的時候。**人最痛苦的，就是自我評價極端低落的時候，亦即陷入了對自己的存在價值感到懷疑的狀態**。周遭的批評，不過是讓人開始懷疑自己的引線而已。

當一個人強烈懷疑自己的價值時，會變得膽小，變得無法行動，就像汽油耗盡的汽車無法移動般。缺乏最基礎自信的人，也無法行動。一旦與周遭比較，看到了很多自己不會的東西，自卑感便會越來越強烈。與理想間之差距所導致的日益沉重的焦躁感，還有無法回應周遭期待時椎心刺骨的冰冷無力感，這些都會毫不留情地一再削弱人的自我肯定。

我想聊的是，這種自我評價跌到谷底的時期，其實我也經歷過好幾次。我眞心地希望，當即將揚帆啓航的你，面臨到與一帆風順相距甚遠的現實時，我的這些話能夠成爲你的心理準備。

即使是在你眼裡總是愛做什麼就做什麼、而且做什麼都能成功實現的我，在職業生涯途中，也是曾發生過很多丟臉及悲慘的事情。但你一定要記住「**總會有辦法的**」。千萬別忘了每個人都面對著類似的痛苦，但依舊能夠熬過來，而且大部分人都能過得幸福快樂。人越是在痛苦時越會忘記這點，所以我才希望你務必在那樣的時刻仍能夠好好記住。

我打算揭開我黑暗的過去，挑選並講述三個在自己出社會後的10年內，也就是接近你現在的年齡時，所發生的眞實故事。

當自卑感來襲

進入我所任職的第一家公司P&G後的第二年夏天，我變得無法接聽電話，說來可悲，眞的就是實實在在地沒辦法接聽電話。電話一響，我便心跳加速，腦袋呈現一片空白的停止思考狀態，不斷冒汗，本來試圖拿起話筒的手，就這樣停了下來。明明腦袋想著要拿起話筒，但不知爲何，手卻不聽使喚。雖說還沒有達到要去身心科報到的程度，不過現在想想，那時的我可能已經病了一半。

儘管我現在已能理解自己爲什麼會變成那樣，但當時眞的是一頭霧水。因爲在那之前，就連救護車我都已經坐過7次了，但這麼不可思議的怪事，還眞是生來頭一遭。

我選擇進入的是P＆G這家公司的行銷總部。環顧周遭，前輩們各個都是超人，其他部門的同事也是一堆超專業的人，最經典的是，連同期進公司的同事和前後期的人顯然也都十足優秀，閃耀著超群卓越的智慧光輝。

從郊區隨處皆有的公立國小、國中、高中進入神戶大學的我，在過去的人生中，從未曾隸屬過如此能力高超的群體。我當然也有不擅長的項目，但只要多發揮擅長的項目，我總是能夠迅速地找出捷徑立刻搞定。我最厲害的地方，就是不必太努力也能在團體中被歸類爲「有能力」的一群。

在神戶大學唸書時，受惠於第一把交椅的三好同學與第二把交椅的相原同學的優秀筆記，讓我得以一天到晚只做自己愛做的事，卻還能以排名第八的總成績從經營學部（相當於台灣的企管系）畢業。亦即出社會前，我從未感受過初入職場那種打從根本開始懷疑自身存在，且搖搖晃光的危機感。

一開始以P＆G行銷總部的新人身分接觸到的業務，雖然也有我擅長的部分，但我還是覺得大部分都是不擅長的領域。我擅長量化數據的分析，這方面不管做什麼、做多久都不會累。但像是開發深受女性喜愛的可愛包裝設計、思考可讓人感受到潤絲效果而能刺激消費的文案、洞悉女性使用洗髮精的心理、挖掘深層的心理需求等較模糊的內容，我無論如何都搞不懂。說得明白點，其實就是在過去的人生中，我從沒在意過洗髮精或是包裝可不可愛這類事情。

多數行銷人員都能夠掌握感覺，而巧妙地克服「模糊」的問題，所以很快就能搞定工作；但對缺乏這種感受力的我來說，即使依樣畫葫蘆地模仿各個前輩們的做法，我依舊找不出最適切的答案。

不久，各種專案的期限逐漸逼近，但我還是沒能交出像樣的提案給上司，於是就被罵了。其他部門對口人員打來確認或罵人的電話聲，開始響個不停。在專業團隊裡，所有人都爲了做出成果而全力以赴，故對於疏忽或不作爲也是毫不留情。才不管你是新人還是怎樣，電話一旦響起，便是一陣嚴厲的指導與鞭策，每天都持續著這樣的電話轟炸。

而同時還有一個麻煩是，第一位上司的工作風格，和我的本性差距太大。他是個被暱稱爲「Mr.7-Eleven」的人，眞的就是以從早到晚堅忍不拔地努力工作爲其風格。連假日也頻繁出勤的這位上司，即使是週六也經常打電話到我家問：

「森岡，那份資料在哪裡啊？」」之類的事。剛出社會的我，就像是在模仿「母鳥」的雛鳥般，毫不懷疑地以和他一樣的頻率展開工作。現在回想起來，我待在辦公室裡工作的最長工時，應該就是在這位上司手下工作的期間吧。我這個人竟然會從早上7點前就開始一直工作到坐末班車回家，別說是現在無法想像了，根本就是完全不可能啊。你一定也覺得難以置信吧。

一旦持續過著那樣的生活，人就變成這樣了。總之，一睜開眼睛就趕快準備上班。由於幹勁十足，所以我都會比那位上司更早到辦公室準備工作。然後一整天實實在在、清清楚楚地感覺到自己的無能，被上司犀利地指責、一再讓同事失望，還必須面對來自周遭憤怒的電話。一直到晚上7點左右大家都下班後，我才眞的有時間做自己的工作。而那位努力工作的上司，當然也會留下來加班。

就這樣瘋狂地工作，直到跳上末班車回家爲止，到家時都已是隔天了。急急忙忙地做完最基本的一些生活瑣事後，便倒在床上，閉上眼睛，然後一睜開眼睛又趕快去上班……閉上眼後一睜開就要上班，再閉上眼後一睜開又要上班……爲了上班而閉上眼睛，又爲了上班而睜開眼睛，這樣的日子不斷持續。

漸漸地，人就開始變得有點奇怪。明明睡眠時間那麼短，人又那麼累，但卻無法熟睡。在公司裡一聽到電話鈴聲響起，我就會心跳加速。就連對周圍其他電話的鈴聲，都會有心跳加速的反應，甚至讓我冒起冷汗並引發異常的厭惡情緒。沒上班在家休息的時候，總會一直擔心上司可能不時會打電話來，以致於心情總是很焦慮、陰鬱。很快地，就連和工作完全無關的人打電話來，我也變得不想接。就算知道是朋友或老家打來的電話，光是鈴聲響起便足以令我瞬間心情大壞。當無聊的推銷電話威脅到平靜時，我便會忍無可忍地大發脾氣。

因此，假日在家時，我都會把家裡的電話線拔掉，一定要確保電話鈴聲不會響起，我才能安心，就這樣養成了自己在家時總會切斷電話線的習慣。當我達到這地步時，驚人的事情終於發生了。

有一天，在公司裡當我自己的那支電話響起時，我試圖接起電話的手竟突然動彈不得，明明是想要拿起話筒，但卻真的動不了。這時，我才終於理解到自己壞掉了。

現在回想起來，自那時起，我所採取的正確行動，應該就是我職業生涯的第一個轉捩點了。

我抱著決一死戰的心理準備，跑去拜託上司。

「U先生，我和您不同，我不適合那種很需要耐性的長時間工作！我希望能夠明確地劃分工作時間和私人時間，希望工作時可以決定好時間並專心工作。我曾經試圖模仿您的工作方式，努力地加班和假日出勤，但漸漸地身體就出狀況了。您有您的風格，希望您也能夠認同我也有我的風格。我不想要在私人時間裡腦袋還想著工作的事，若沒有什麼嚴重的大事，請別再打電話來我家了。拜託您！」

我當時應該是說了諸如此類的內容。

結果瞬間呆住的上司回答說：「喔，當然好！用不適合自己的風格工作，工作本身會變得很痛苦，身體也會受不了。我還以爲你跟我調性很像呢！怎麼不早點說呢？」

他平靜的反應和抱著必死決心的我呈現強烈對比，所謂的出乎意料就是指這種時候吧。

的確，這位上司從未要求我模仿他，只因我崇拜他的能幹，想要變得像他一樣，於是便自顧自地模仿起他的工作方式。

他假日打電話來這件事，若覺得有壓力，爲什麼不早點跟他反應請他別打了呢？在身體出狀況前就該要注意到了吧！但人在自己壞掉前，並不會知道自己到什麼程度、怎樣的時候會壞掉。一旦注意到自己情況不妙，可能就快壞掉時，通常都已經壞掉了。

其實爲了讓上司及周遭的人覺得自己看起來很好，很多人就算痛苦或自己感覺不太對，也會盡量遮掩以免被看穿，這種情況可說是相當常見。只不過我能在最後一刻，及時採取與上司坦誠溝通的正確行動，眞的是十分幸運。

鬆了一口氣的我，基於之前雖短暫但痛苦的經歷，認眞思考起自己該採取怎樣的工作方式，才最容易於中長期做出成果，然後就大幅改變了自己的工作風格。

簡單來說，我從農耕民族型變成了狩獵民族型。我不再勤奮而鉅細靡遺地耕種每一塊田地，因爲我的特質並非如此。喜歡也擅長思考「工作時聚焦於何處，才能以最小的努力達成最大成果？」的我，將自己的工作方式改爲，從被指派的工作中，選出三成眞的對業務較有影響的重要課題，集中火力加以處理，而剩下的七成則放棄。也就是採取獵物會通過哪裡，就押寶在那兒一決勝負的獵人做法。

此外，抱著絕不加班的決心，我也開始講究每一分鐘都專注的工作方式。早上開始工作前，就先仔細想好當天要怎麼安排工作，才能在5點半順利逃離辦公室。總之，就是絞盡腦汁地追求「效率」。

結果我發現，只管理自己一個人的工作安排是不行的，除非把和自己一起工作的其他部門等整個團隊的效率都一起納入考量，對整體工作進行引導，不然5點半肯定是走不了。不只是駕馭自己的車而已，怎樣才能連周遭的10台車也都有效駕馭？我因此漸漸領悟到，能夠爲團隊挑出先後順序的策略眼光，是最重要的。於是，即使是無用的新人，也逐漸在團隊中有了自己的角色，建立起自己的地位。

我的整體表現日益改善。首先，睡眠狀況明顯變好了。雖然辦公桌上的電話響起時，我依舊接不起來，不過，以稍後聽語音留言再處理的方式，還是勉強能應付過去。上司理解我如此凹凸分明的特質，輔助我垂直發展自身優勢，並以優點隱藏缺點。

印象中他不擅長稱讚人，給我的回饋意見多半都很嚴厲，不過是個聰明又自律甚嚴的人，比誰都公平公正。我後來才知道，正是這位上司為我建立起了職涯基礎，讓我之後得以用同期中最快的速度晉升為品牌經理，並進而成為罕見地轉任至美國P＆G全球總部的日本人，累積出非凡經驗。至今我仍打從心底感謝他、尊敬他。我的第一位上司，就是這樣一個如武士般的人。

附帶一提，你難道沒覺得奇怪，為何從你懂事以來，森岡家一反世間邏輯，一直都不太流行使用手機？不知你還記不記得，我曾說：「我討厭那種不論對方情況如何，都被迫24小時與人同步的感覺。」以及「就因為用了那種東西，所以總是想著有人會替你做決定，結果就變得不再用自己的腦袋思考。」之類的話？甚至三十幾歲住在美國時，別說是我自己了，就連當時你媽懷著你最小弟弟，我也都沒辦手機給她，才導致有一次車子爆胎她無法打電話向我求助，又因為英文不好，不懂得請周圍的人幫忙，只好挺著大肚子從最近的Kroger超市走了好幾公里回家。真的是好可憐！

家裡一直不辦手機的眞正理由，其實是因爲周遭的電話鈴聲，對我來說眞的很可怕。光是聽到電視連續劇裡的電話鈴聲，就足以讓我心跳加速、心情大壞。即使在P＆G裡越做越成功，這樣怕電話鈴聲的狀態，依舊持續了很長一段時間。當我終於開始用手機時，應該已是結束美國生活回到日本，快要35歲的時候，約是跳槽至日本環球影城的前幾年。在我這個年齡層的一線商業人士裡，最後一個還沒有手機的人很可能就是我。

雖說現在，我已恢復到只要願意接電話就接得起來，但這依舊是我的弱點。儘管擁有智慧型手機，可是與人溝通主要仍用電子郵件，電話功能常態性地設爲靜音，基本上都不接。不過，以我現在的工作來說，和那些經營管理階層的會談及各種會議馬不停蹄地一個接著一個，在這種行程安排以分鐘爲單位的狀態下，根本也沒辦法逐一接聽每一通電話。

話雖如此，我無法否認自己在電話鈴聲一響心情就瞬間憂鬱起來的本質。我想對我來說，來電鈴聲一定是一種激起大腦當時痛苦回憶的「訊號刺激」，它喚起了我那時事事皆落後，被工作追著跑，在日益惡化的自卑感中，只看得見周遭都在閃閃發光的社會新鮮人絕望情緒。

進入社會是怎麼一回事呢？或許可說就是從在以往的團體中小有成就的自己，變成在新團體中最沒用的人。之所以需要心理上的準備與覺悟，大概就是因爲必須面對此差距所引發的衝擊、焦慮及痛苦的關係。而比起出身草莽的我，越是一路過關斬將出自頂尖名校的學業優秀者，感受到的差距肯定就越大。即使是當時在訓練與人才培育上都備受好評的P＆G，也有不少新人因爲無法克服「沒用的自己」而崩潰。不管是沒辦法上班、心裡生病，還是找了某個理由離職，我想大多數的原因，其實都在於不知該怎麼面對「沒用的自己」。

冷靜想想，這是很自然的。基於類似的徵才標準，被判定爲達到一定水準的「和自己具相同程度能力的人（或是高於自己程度的閃亮人才）」聚在一起，形成母群體。而早了幾年走在前面的前輩們，不僅也具有同樣潛力，還花費了成長速度最快的幾年時間，透過經驗與訓練來徹底磨練其潛力，和新人之間的能力差距當然會拉得很大（其實這差距不用幾年就能塡起來了，但在這個時間點的新人們不會這麼想）。一出社會後，立刻變成相對而言「最沒用的人」這件事，是任何人都無法避免的。

為了不要崩潰，一開始就該放輕鬆，要預先想像並接納從最末尾開始起步的

自己。想想自己能否從那裡開始累積眞正的努力，亦即能夠自我檢討「今天的自己是如何學習、又學了什麼來讓自己比昨天更聰明？」這點就行了。**你自己一定要大大地認同自己，你不是「沒用的」，而是「會成長的」**。如此一來，即使痛苦，也必定能在心靈崩壞之前獲得該有的實力。只要願意花「時間」不屈不撓地持續追趕，新芽總有一天會冒出頭來。

每個人一開始都是新人。別擔心，只要有**貪婪的學習態度**，這問題用不了幾年時間就解決了。不論是即將就業、還是某天將轉換跑道跳入新環境的時候，我都希望你一定要記住，就像許許多多熬過來的人一樣，你也一定能夠度過這個關卡，一切都是爲了能夠確實地踏出整個漫長旅程的第一步。

當自己無法相信卻要讓別人相信時

我終於當上了品牌經理，在27歲的時候。不同於許多人常用的、靠感覺的那種行銷方式，我則是熱衷於創造出可彌補殘缺的獨特做法。當時覺得，那是我以行銷人的身分，勉強在世上發揮作用的機會，或許是能讓自己生存下去的方法。

烹飪是一種發揮感性的藝術，即使以同樣的食譜運用同樣的食材做菜，十個人做出來就有十種不同口味、十種不同樣子。我那時的想法是，有沒有辦法把行銷當成更「科學」的理工實驗來處理，而不是當成我不擅長的烹飪「藝術」。畢竟，若能增加需要一定再現性（Reproducibility）的科學部分，行銷顯然就會更穩定，投資效率也會更高。

採取機率思維的策略。在文組背景的人較多的行銷世界裡，我選擇發揮數學式的構想及對數字計算的執著等，屬於少數派的自身特質，透過開發基於機率論的分析模型，將許多事實和現象量化，藉此銜接自己本來就喜歡的策略性思考。然後在打仗前運用謀略，想辦法獲得能比任何人都更早準確地探測出易於取勝之處的能力。如此一來，或許就能變得稀有，符合自保原則的這路線，再清楚不過。我對於自己晉升品牌經理一事感到十分開心，對未來也充滿了希望與期待。

然而，職業生涯果然不是那麼容易就一帆風順，當上品牌經理後的第一個任務就讓我見識到了地獄的樣子。原本由內部指示的職位，在公開宣布前突然來個大轉彎，我被派去做由P＆G全球總部CEO居中牽線之日本專案「Physique」。

在這個Physique專案所發生的事件，我在上二〇一四年播放的NHK節目「專業的工作風格（プロフェッショナル 仕事の流儀）」時，曾在名爲「背叛下屬的過去」的段落中，以避開專有名詞的形式大略地介紹過。距離該事件都快二十年了，我想時效已過，故打算更詳細地告訴你當時到底發生了些什麼？

P＆G是從美國中西部的蠟燭及肥皂生意開始做起，以清潔劑製造商爲其原點，和一直呼吸著藝術之都巴黎的空氣的萊雅（L'Oréal）很不一樣。雖說也有如SK-II之類少數例外的成功案例，但基本上P＆G擅長的不是Beauty Care，而是Dirty Care。所以對Beauty具有自卑情結的同時，也有著強烈的願望。而由此願望所生出的構想、開發於美國中西部偏僻鄉間辛辛那提的品牌，正是「Physique」。

在我擔任此職務的品牌經理的幾年前便到美國和位於辛辛那提的全球團隊一起進行此Physique的開發。主要策略幾乎已全部確立，爲了引進至日本，他們決定半年後將展開測試市場。在這個決定之後，原本的品牌經理便要離開P＆G，於是預定要負責別的品牌的我，就突然被分配到了這個職位。

Physique的產品理念，是「Physique, Science Liberates Your Style」，據說在美國的消費者調查中，得到了相當不錯的分數。在此補充一下，美國人很喜歡Liberate（使獲自由、解放）這個單字，因爲這是支撐著他們的建國精神、解放奴隸之歷史等文明基礎的價值觀。然而，這實在很難轉換成日文，大概也只能翻成「Physique，科學解放你的風格」之類的意思？你眞的會想要這種東西嗎？

其實在跨國企業裡，像這種將母國的原始策略，針對其他各國進行本土化的困擾是「很能引起共鳴的」。過去萊雅也曾將「Because You're Worth It」這句英文，直譯成日文的「因爲你有那樣的價值」（中文版譯爲「因爲你值得」），而不幸發展出一副自以爲了不起的日文行銷傳播。儘管如此，爲Beauty Care巨人的萊雅，依舊成功透過整體創造出了感性（感官）魅力。但我認爲以理性販賣清潔劑爲原點的P＆G，在根本上極度缺乏銷售美容的專業知識與技術。

此外，還有其他嚴重的問題，例如：一罐1980日圓的價格設定。若是要在美髮沙龍藥妝雜貨店等販賣那也就算了，但P＆G擅長的，是以一般藥妝店及大賣場爲主的大衆通路銷售策略。這樣的價格到底是什麼意思？如果是設定超高利潤率，鎖定店頭銷售並以較低的銷量爲目標，那還有點道理；可是他們的期待卻是，大衆品牌才會有的大規模銷量。

根本還用不到數學計算，就已能明顯看出其策略有多麼糟糕。WHO、WHAT、HOW都沒抓到重點，而且還搖搖晃晃地無法彼此搭配。然而，Physique在日本展開測試市場的決策已定，半年後就要在福岡／佐賀地區的店頭上架。我想，當時日本的整個頭髮護理部門，應該沒有任何人覺得這產品會成功。

那爲什麼還要引進到日本？因爲這是當時全球總部CEO居中牽線的專案。簡言之就是，沒人敢跟他說：「這是行不通的，應該要停手！」畢竟這言下之意便是「你這個笨蛋！」

有一天你也可能會被捲進這種事情。在大公司裡，像這類明明沒人相信會成功，但在看見令人絕望的結果之前，誰也阻止不了的專案，其實還不少，俗稱「**不妙專案**」。要知道，國王身邊的管理高層爲求自保，是絕對說不出「國王沒穿衣服！」這句實話的，這才是世間常態。**在組織中，常常會因為提供給決策者**

正確資訊的神經迴路斷裂，而發生令人驚訝的明顯錯誤。

Physique引進日本的成功與否，不論對CEO還是日本頭髮護理部門的最高長官來說，都不過是衆多專案中的一小部分罷了。但對於被指派給Physique的品牌經理而言，這專案的不妙，就代表了自身職涯的不妙。當然，在我收到內部指示時，當場就對那時日本頭髮護理部門的最高長官，他是一位新加坡人，做出了一些情緒性的反應。

我說：「您覺得Physique會成功嗎？若您覺得會，請告訴我怎麼做才會成功。若您覺得不會成功，那麼請告訴我您為什麼會把自己不相信的專案交給下屬去做。我認為這案子不會成功，所以我無法就這樣接受品牌經理的職務。若無論如何都要我做的話，我希望至少能讓我重新擬定一個能夠贏的策略。讓我把測試市場往後延一年吧！」

而他的回應：「你應該知道負責哪個專案不是由你決定的。策略和測試市場的時機，也都是日本這邊已經答應的，不能變更或延後。不試試看怎知道會不會失敗。」

我不肯罷休，繼續用更強烈的語氣抗議：「您的績效是用整個日本頭髮護理部門來評估，所以才能講得這麼不痛不癢。但這可是我第一次的品牌經理任務，面對這麼一個被亂七八糟的策略所束縛的專案，還必須對其結果負責，您覺得我的職業生涯會變得怎樣？難不成您是爲了讓我失敗才把我升成品牌經理的嗎？」

於是，他終於發飆了，提高音量宣告說：「我當然是對你的才能和未來有所期待才升你的！若是想成爲P＆G的品牌經理，你沒別的選擇，就只能接受這個職務！」

而他最後說的這句話，我一字一句，清清楚楚，永遠都不會忘記——「Don't Worry! Launch quickly, learn quickly, and die quickly!（別擔心！趕快開始，趕快學習，趕快死！）」

簡言之，包含他在內，雖然沒人相信Physique會成功，但誰都不能毀了總公司的專案。要停止這案子，就只能早點開始測試市場，用市場結果來證明它行不通。他說，這是對日本的頭髮護理部門來說（也是對他來說），把傷害降到最低的辦法。

那時十分怨嘆自己的運氣不好，怎麼會升上品牌經理的第一個任務就接到這麼不妙的案子？簡直就是抽中了「籤王」。但如果不接Physique，就只剩辭職一途可走。在P＆G熬了這麼久，好不容易才走到這一步，怎麼能在體驗品牌經理的工作之前辭職。現在想想，自己當時的想法實在「很小家子氣」，那時的我，優先選擇了留在大型組織中的生存方式。不久，我升遷的消息便正式發布。

把一個品牌引進市場時要做的工作很廣泛，不管是全國上市還是測試市場，工作量的差異都不大。在公司內部有參與Physique的人便多達幾十人，而我的人生也第一次有了下屬。我的下屬是一個年紀比我大、很愛講話的義大利男子，另一個則是剛畢業、極為優秀的日本女生。以包括我在內的三人為主要動力，就這樣展開了必須想辦法讓Physique成功的每一天。但在我心中的矛盾依舊無法解決……

在這Physique專案中，嚐到的難以形容的痛苦，正是源自於「**自己不相信的東西卻必須讓別人相信的矛盾**」。我認為會失敗，但我絕對不能跟下屬或其他部門的成員們說「竟然要我們去做這種會失敗的計畫，這公司真是蠢翻了。」做為一名自己相信的領導者或就專業的信條而言，我都不能這麼做。如果說了這種話，輕鬆的只有自己，憤世嫉俗將擴散傳染，只會造成下屬及同事們的倫理道德驟降，那就和當初那個逼我接受自己不相信的東西的上司一樣了。不論過去還是現在，我一直認爲**即使不合己意，一旦選擇接受，便要站在整體（公司）的立場盡力而為才是專業**。

結果就變成，我每天都覺得自己在對每一個人說謊。不只是對日本總公司的幾十名夥伴，對於所有廣告代理商的人，我也都同樣貫徹「我相信Physique」的立場。負責推行測試市場的福岡／佐賀地區的銷售團隊夥伴們，以我積極正向的話語爲材料，用至今爲止與各個零售客戶間培養出的互信關係爲擔保，讓Physique在店頭上架了。

爲什麼那種令人不明所以的理念，也能獲得日本消費者的支持？爲什麼1980日圓也賣得出去？我準備了看似合理的數據來解釋這些。所有的工作似乎都在開倒車，每天都變得越來越艱難。即使如此，爲了完成公司賦予我的使命，我還是持續說服人們以執行任務。

結果就變成對於總計多達數百的重要人們，我一直在把自己其實不相信的，說得彷彿自己深信不疑般。

這時的痛苦，是我拙劣的文筆所難以表達的，那並不是單純的罪惡感。我寧可和大家一起講公司的壞話還比較輕鬆，那樣至少會有爲了公司，以專業的身分執行更艱鉅任務的使命感，而不會有罪惡感。只是，能量即將耗盡。對於每天的工作，我漸漸提不起熱情、精神、幹勁……

就和多數人一樣，如果面對的是自己相信的東西，我的原始力量也會大量湧現。若是爲了實現自己所相信的，挑戰的鬥志便會燃起，即使身處逆境也不在意。雖然之後從事日本環球影城的經營改造時，在使哈利波特成功的路途上，也曾因強烈狂暴的艱難辛苦而倍感壓力，但那和做Physique時感受到的壓力性質完全不同。這時的壓力感覺更爲徐緩、陰險且惡質，會削弱一個人以專業身分生存的決心。像這類會產生惡質壓力的東西，我稱之爲「**開倒車的工作**」。

測試市場就在那樣痛苦的日子裡展開了。接著幾個月後，一如預期地成了大災難。但我的工作還沒結束，我還有悲慘的撤退戰要打，亦即還有殘局要收拾。

在覺得全公司所有人都指著我說「森岡是徹底失敗的Physique品牌經理」的同時，還必須分析並統整失敗原因，然後向全球總部報告並留下文件檔案。此外，也必須去跟逐一向協助測試市場的客戶（大賣場及藥妝店等零售業者的採購人員）道歉，和福岡／佐賀地區銷售團隊做解釋並表達歉意。那時當然有負責的銷售人員，很直接地對著我說：「你還眞敢來啊？」對於他們，不是光道歉就能了事的。

甚至，由於Physique團隊將被解散，故我還必須想盡辦法、用盡全力不讓下屬的前途因此受損。好不容易才讓下屬們免於遭受不合理的對待，但一想到他們優秀的才能與工作態度，那樣的際遇便足以讓當時的我陷入絕望。現在回想起來，依舊是令我滿懷歉疚。至於我這個無法報答下屬的傢伙，評價當然是很糟，雖說我對於自己的評價早已無所謂，卻也陷入若下一次再失敗就會立刻被開除的窘境。

我照著上司說的做「只要趕快開始，趕快學習，趕快死就沒問題了！」，但似乎不像預期地完全沒問題就是了（笑）。告訴我這句話的新加坡人主管，早已再往上升了一階，並沒有特別試圖保護非直屬部下的我。算了，這世界就是這麼一回事。

你最好記住，一個人若是可悲到將自己留給評價者酌情裁量，得到的評價自然會是最糟的。若是處於保有一定程度公平性的組織中，要是沒有「**數字（＝成**

果）」的話，那麼，不管你有怎樣的理由，在評價上必定都是脆弱而毫無防備。如果是不管結果如何，總以喜好來評價員工的組織則另當別論，但待在那樣的公司就長期的職涯而言可是一大問題。那種公司是無法讓人成長的有害組織，還不如早點被開除比較好。

這時的我，之所以能勉強逃過被炒魷魚的命運，是因爲有接替那位新加坡人成爲我直屬上司的香港主管E先生做我後盾的關係。我是後來才聽說，E先生在檢討會議上，奮不顧身地大肆發表並指出：「提出Physique專案這件事本身就是個失敗，做出該判斷的人，才該被檢討應負的責任。」

雖然不只是爲了Physique這一個案子而已，但之後誠實的E先生就立刻斷然辭去了P&G的工作。我既愧疚又遺憾，在歡送會上甚至無法好好直視他的臉。

在我升上品牌經理後的第一年裡，那樣開倒車的工作和大災難所導致的地獄風暴，狂吹猛刮後歸於平靜。接著就讓我告訴你，從這痛苦的經驗中我所學到的兩個重要本質。

一個是Congruency（信念與行動的一致）的重要性。這時的我，儘管守住了能站在公司立場控制自己言行舉止的所謂身爲專業的最基本信條，但卻陷入了無法維持「帶著周圍的人一起走向勝利」的「自我存在價值＝自我認同」。我深切地體會到，因此造成的能量消耗有多麼要命。我絕不要再經歷一次！怎樣才能避免被送往這種不是「爲贏而戰」的戰場呢？我拼命地想，然而，想出來的答案卻是，**「只要是無力的上班族都無法避免『開倒車的工作』」**這個悲哀的結論。

實際上，很多上班族都是帶著無奈的眼神，將人生最精華的時期，花費在這些「開倒車的工作」上。他們以爲爲了生活他們別無選擇，就只能乖乖執行組織指派的工作。而在這樣長達數年的工作過程中，很多人甚至會開始懷疑起工作的意義及自己的存在價值。我才經歷一年就快要瘋掉，所以很能理解那種感覺，如果是持續好幾年或幾十年的話，要避免發瘋，想必只能放棄並變得無感。我才不要變成那樣的人，該怎麼辦好？那就只好想辦法脫離無力的上班族人生。

有力的上班族是怎樣的呢？就是被組織認知為一旦辭職就真的會造成困擾的「人財」；而不是對公司來說，如消耗品般爲數衆多的「人材」。必須要達到這地步，才能以一定程度的對等地位與公司談判。若當時的我對P＆G來說，眞的是一旦辭職便會造成困擾的人財，那麼那位新加坡人上司應該就不至於改變內部指示，要我去接下那個很鳥的Physique。聽來悲哀，但當時我的確這麼想，而現在我也能夠斬釘截鐵地如此斷言。這可不是都歸咎於運氣不好就行的，以這種情況來說，問題是出在自己的能力不足，才招來了不幸的結構性原因。

我認爲在成爲有力的上班族後，終有一天，我一定要超越公司的框架，成爲能以自己的名號選擇工作的稀有商業人士。獲得那樣的自由時，對我來說才是眞正從根本上擺脫了「開倒車的工作」。

而若是有目的一致的夥伴，同心協力「爲贏而戰」就不用說了，甚至還能選擇讓人熱血沸騰的「大義之戰」。我夢想著或許有一天自己能夠帶領夥伴們，踏上那樣有趣的旅程。其實我所創立的行銷精銳團隊「刀」股份有限公司，就是以這時的想法爲原型。

我所學到的另一個本質則是，**除非做出成果，否則誰也救不了你**。即使以方便組織的方式工作，若最後的結果是像Physique那麼糟的話，沒人會救你，也沒有人能夠救你。對於努力支持我的兩位下屬，別說是報答了，這件事甚至還對他們的職涯造成了負面影響。而新上司明明比我晚進公司，卻因爲護著我而辭職走人，身爲領導者，我卻無法保護所有接受我指揮的人。如果Physique是我的個人商店，我早就背上一屁股債破產了。同樣道理，一旦經營規模更大，損害也會更大。再怎麼說，公司的業績一旦變差就會減薪、大量裁員，甚至導致所有員工都失業，眞的是沒有任何好處。

若是如此，那麼身爲領導者必須做到的是什麼呢？領導者必須做到的就是，不管被誰討厭，即使被稱做惡魔，就算被人怨恨，無論如何都要讓團隊做出成果才行。對於提升自己周遭人們的工作水準，以增加成功機率、對於跨越應達成的標準線等，都絕不允許任何的妥協；亦即必須成爲這麼嚴格的人才行。

我不再試圖做個好人，我已經不在意自己的下屬或周遭人們被問到「森岡先生是怎樣的人？」時，會說出多難聽的話，我只想被評爲「是能做出成果的人」。

不必是以人格之高尚來吸引人們的聖賢，只要能被認爲「跟著他似乎會有好事」就行了。因爲只要做出成果，就能提升他們的評價，他們也能因此獲得升遷機會，薪水和獎金便都能夠增加。如此就能夠保護這些我所重視的人們！

這就是對我而言的Congruency。我想成爲能帶領周遭人們、夥伴們走向勝利的人，我想變成那樣的人。在那Physique的寒冷日子裡，這般的殷切期盼，強烈到令人想哭。而這件事也總是在我價值觀的最深處提醒著我——把團隊帶到能贏的地方，讓他們戰鬥，加壓，再加壓，一定要讓他們贏，然後報答、獎勵他們！

必須獲得自由，以選擇能傾注自身熱情的工作才行！必須成爲在更嚴峻的狀況下，仍能做出成果的人才行！爲此，我需要的就是職能（技能）。我必須在自己所選的行銷這種職能上，培養出更具絕對優勢的戰鬥力才行。我牢記著「爲了獲得自由，絕不能忘了在Physique時的那種委屈與不甘！」

處於因開倒車的工作所導致的磨難時，總之是艱辛又悲慘的。在那傷口仍很新鮮的時候，人無法自我肯定，自信崩壞，自己的內在軸心很容易搖擺不定。然而奇怪的是，一旦以更長遠的眼光來看職涯，便會開始覺得，其實那樣的經驗才最是難能可貴。

因爲Physique的嚴重失敗而一度徹底破碎的尊嚴，讓這世界得以重新映入我眼簾。朝著藉由破壞外牆而見到的新風景，我急速成長並展開，而我也用與過去層次截然不同的執著，開始磨練自己的武器。

被批得體無完膚、毫無價值的時候

我接下來要講的事情，也不是什麼罕見的例子，要知道這現象，其實普遍存在於世上任何專業人士們認眞競爭的第一線。請記住，**在專業的世界裡，從一開始就期待親切友誼的，單純的「好人」，是會被淘汰的「輸家思維」**。

所謂專業的世界，就是生存競爭的最前線。專業世界中的友誼，是彼此認可對方實力後，才開始互通的尊敬之情。而**不論是友誼還是尊敬，都不是對方應該要給的，是要用自己的實力贏來的**。

即使經歷了Physique的悲慘始末仍勉強存活的我，在接下來的任務中做出了許多成績，成功挽回自信與聲譽，還奠定了沙宣（Vidal Sassoon）品牌的黃金時代等，累積了不少出色成就。接著，我在二〇〇四年遠渡重洋，被派任至位於美國辛辛那提的全球總部。當時的日本P＆G仍處於人力資源都在日本的組織中就分配完畢的時代，鮮少有日本人會跨海前往全球總部。而且我被分配到的職務，還是全球P＆G中數一數二的超大品牌——北美潘婷（Pantene）的品牌經理。基於想從外部為停滯了一段時間的北美潘婷引進不同想法之企圖，當時在P＆G中開始閃耀出獨特策略建構力的我，於是雀屏中選。

正如你還記得的，對全家每個人來說，都很難忘的美國生活大挑戰，就這樣展開了。

八月舉家赴美，就在過了幾個月後的那個冬天，我因壓力而過著日日血尿的日子。簡單來說，其實我一開始赴任時，就遭受到職場霸凌（？）了。如果霸凌這個說法不恰當的話，那就說成是持續承受不必要的壓力和扯後腿行為。

但血尿之冬的核心原因，並非來自周遭的敵對反應或嚴厲評價。將難以抵擋的兇惡壓力灌注在我身上的，不是別人，是開始懷疑自身價值的我自己。只有儘管如此仍想要相信自己的優點這一線希望，勉強撐住了暴跌的自我評價。如此脆弱而搖搖晃晃，隨時都可能斷掉。

當時的北美潘婷，光是「利潤」就遠遠超越從谷底翻身前的日本環遊影城的「營業額」，是個壓倒性的巨大品牌，為全球P＆G的重要支柱之一。擔負P／L（Profit and Loss，損益）責任的北美潘婷的品牌經理一職，對於做為P＆G

大本營的美國組織中的每個美國行銷人來說，都是亟欲爭取到的職位，結果竟是被一個只會講Janglish（日式英文）的莫名其妙日本人給突然空降佔據，當然就引起了軒然大波。

被看似親切友善的人們所包圍，遲鈍的我一開始並未注意到自己被整了。不管怎樣，表面上都會保持友善是美國人的基本原則。或許是我的偏見也說不定，不過，以我的經驗來說，感覺上美國人其實比日本人更表裡不一。日本人的確難懂，但至少也只是依據對手不同，而改變在同一方向上的意見強度罷了。可是讓我疲於應付的許多美國人，卻是會隨對象不同而毫不猶豫地改變方向。只要換個對象，就能臉不紅氣不喘地講出和兩小時前完全相反的話。

而且由於日本人只會對朋友表現友善，因此，一旦美國人友善地靠過來，便把對方當朋友對待的話，結局往往是很令人傷心的。對美國人來說，友善並不表示彼此一定是朋友，友善的應對不過是社交上的預設做法罷了。我認爲這是建立在，不先交換「放心，我不會宰了你」這種信號就無法鬆懈的基礎上。

讓我們言歸正傳。我在職場上到底是被怎麼了？在大型會議等場合，明顯地只針對我提出許多具挑戰性的疑問。若是刻意想測試我之類的，這些都不是問題；就算有人對我說：「連你的下屬都質疑你實在是太奇怪了。」我也不會把它解釋爲蓄意的惡意行爲。我會覺得這是在測試我的能耐，是理所當然的挑戰。

眞正困擾我的，其實是打從一開始，會議的召開訊息或會議記錄、各種重要資訊等都只有我不會收到，而且這種狀態還一直持續很久。對於自己被排除在資訊迴路外這點，我以爲應該只是新來的我，還沒被設進公司的電子郵件群組而已，愚蠢的我還一再拜託對方把我加進群組。但不知爲何，同樣的狀況依舊持續不斷，有時甚至因爲沒收到重要資訊而造成我無法回應，導致失去他人的信任。被周遭封鎖資訊讓我陷入極爲艱難的困境，雖說懷疑和排斥感可以從意識中移除，但所造成的實際傷害，是很令人痛苦的。

此外，在開會的時候，一旦我有參加會議，很多人便會以異常快的速度開始說話，或是故意頻繁地講很多我聽不懂的紐約俚語等，諸如此類的狀況也一直發生。只要想像在剛學日文的外國人面前，一群日本人拼命講四字成語的滑稽場景，應該就能理解我的困惑程度了。剛到美國的我，英文能力差不多是ＣＮＮ節目只聽得懂一半的等級，所以我一直以爲是我聽力很差的關係。

現在想想，當時面對那些「雖覺得這愚蠢的日本人很可憐，但還是故意把話講得很快的」對手們，我每次都以「Pardon me?」暫停會議，一個一個地、有夠認眞地確認自己沒能理解的話語及意圖。畢竟我是抱著既要對結果負責，就絕不讓自己無法理解的事情繼續進行的覺悟，在做品牌經理一職。

而我也因此被稱做Mr. Pardon（笑）。後來在即將離開美國時，於歡送會上我才聽同事說，由於我竟然可以在一場會議上毫不在意地叫停數十次，終於讓對方也覺得累，他們也基於心理健康的理由，便決定放棄這個「超高速戰術」。看來遲鈍也是很珍貴的特質呢！

對我不Welcome沒關係，但至少可以讓我正常地工作吧？自從八月到了美國後，我每天面對著那樣淒冷慘澹的辦公室，緯度近似北海道的辛辛那提的秋天，逐漸變得越來越冷。然後在聖誕節即將來臨之時，發生了一連串令我大受打擊的事件。

某日，我前一天很晚才做好的主管簡報用PowerPoint封面，不知爲何竟被換成了PLAYBOY的性感圖片。我再怎麼遲鈍，也能認知到這是擺明了的惡意。該資料是用於上午舉行的正式會議，將對女性主管說明品牌今後的發展方針，是非常重要的資料。要不是我的第一個主管U先生，曾訓練我「養成爲保險起見於前一刻再次檢查檔案的習慣」，我就死定了！光想像便足以令人背脊發涼。

由於那是共用的檔案，故一定與團隊中的一或多個成員有關，但不知是誰。這些人可以有各式各樣的藉口，要不說是開玩笑，要不就說是我自己拿錯檔案，怎麼講都行。而且這正是西洋棋戰術中，所謂的「捉雙（Fork）」；亦即這是個雙重陷阱。首要目標是讓我在管理階層面前出糗，而若我把這問題公開，又等於凸顯了我自己對組織的掌控力有問題。他們很聰明。

坦白說，那時的我，簡直就像是在「勇者鬥惡龍」遊戲中，因吃了一記痛擊而整個畫面變紅的狀態，實在是太震驚了。甚至我還能從周圍即時感覺到，有好幾雙強烈的視線盯著我的臉頰，等著看我接下來如何反應。「西洋棋我可是很擅長，要避開捉雙就用這招！」我拼命地控制住顏面神經，一副若無其事地修改好檔案，立刻把問題解決了。至今我仍不願意想像，自己當時應該扭曲得很不自然的可怕臉部表情……

另外，還有一件事傷我更深。那就是前往當時北美P＆G最大客戶沃爾瑪洽談的我，盡全力以自身熱情和英文能力，將想傳達的業務發展策略告訴了對方。我自認完成了一場強勢而清晰的簡報，而且也有感受到對方的反應。不知你記不記得，就是我帶著久違了的好心情，買了Coastal Seafoods的高級鮪魚生魚片回家的那天。

結果隔天，我被業務部的大頭給叫了過去，爆怒的他當著我的面怒罵到

「You are our liability!（你是我們的累贅！）」

他的辱罵始於「我早就從下屬那兒聽到你的壞名聲了」這句，「你昨天突然跟客戶講了跟我們至今聽過的方針完全相反的瘋狂提案，搞得對方一頭霧水，結果客戶來大肆抱怨！」「而且你的英文那麼爛，又講很久，遠遠超過原訂的15分鐘，我們還有別的議題要討論吔，眞是太惱人了！」「我從沒看過像你這種對美國文化毫無理解，又完全不懂得體貼客戶的傢伙。你別在這兒工作了！」「拜託你下次不要再出席和客戶的會議了！千萬別來！中國也好日本也罷，隨便哪裡都行，快給我滾回去！」……他的辱罵接連不斷，但最讓我沮喪的莫過於這句——

「You mean nothing. You are our liability!」

至今一想到那情境，我仍會血壓立刻飆升、無法忘懷。被評為毫無用處、毫無價值，對我來說是最具殺傷力的言論。因為我和許多人一樣，是為了在社會上對除了自己之外的某些其他人有所幫助而活。如果我真的是毫無用處的累贅，那還不如死了算了。

所以我當時真的非常沮喪，沮喪到連好好地反駁、辯解都做不到。對於有如動彈不得的守門員般的自己，灰心、悲傷、憤怒與懷疑等交雜，我陷入了難以表達的混亂情緒中。離開他的辦公室後，我開始嚴重腹瀉，而這顯然不是前一晚的生魚片造成的。

的確，我講了超過10分鐘左右，我的英文也沒辦法說得像美國人那麼漂亮，但真的有嚴重到需要罵到這種程度嗎？只見過幾次面，也沒好好瞭解對方，為什麼就能夠這樣單方面地破口大罵、全盤否定？很明顯是我團隊裡有業務人員，從以前就在他的耳邊說三道四，這真是太過份了。

可是，我的簡報確實沒能達到無可挑剔的程度，而身為領導者，都過了三個月，竟然還無法掌握整個團隊幾十個人心，也是不爭的事實。整體來說，的確是我能力不足。這點我自己最清楚，實際上這才是最沉重的，所以連在心裡譴責對方好讓自己輕鬆一點的退路都沒有。自己的存在價值、自信，都在迅速崩毀……

於是，隔天便成了劃分我職涯明暗的分界點。儘管已過了快15年，但現在我仍深信，正是陷入困境的當時的我所選擇的行動，造就了今日的自己。

那天早上，眞的很不想去上班，也很怕去上班，因爲我知道不能彷彿什麼都沒發生過般地去上班就算了。我知道對我而言，該採取的正確行動是什麼——就是要和那位業務部的大頭再次一決勝負。如果有人叫我別再參加和客戶的會議，而我只回應：「好的，我知道了」，那就沒能負起身爲品牌經理的責任。因此，隔天一早我必須再次進入他的辦公室一決勝負才行，這點我很清楚。

然而，一想到那個面貌有如惡魔般的對手將會有何反應，以及後續整個組織會產生什麼樣的連鎖效應等，我就打從心底感到深深的沮喪。這對充滿鬥志時從未感覺過、赴美後在職場上因成爲少數被排擠而變弱的我來說，眞的相當沉重。老實說，想逃避的心情已然滿溢。

現在就立刻逃離戰場會怎樣？這樣比較輕鬆，但只能輕鬆一時，我將不再有機會以自己爲起點來驅動人們做出成果，就只是待在那兒，變得有如空氣或幽靈般，也不可能於這總部組織中做出能獲得認同的結果。都把一家大小帶離日本，遠渡重洋來到了美國的全球總部，我竟然還撐不到半年就陣亡，就要離開P&G……

不過，就算不在P&G我一定也能工作，必定也能在某處混得不錯，那樣也挺好的，不是嗎?我是北美頭髮護理部門裡的少數，是唯一的日本人。在如此不利的環境中，一直努力忍耐，碰到這麼惡劣的事又不是我的錯，就算了吧?這樣的聲音不斷在我腦袋裡轉來轉去。

但我覺得最糟的是，一旦我失敗，日本人就一定不會再有機會被調來全球總部了。我所代表的不只是我自己而已，還背負了把我送來的前主管們和下屬們的期望，以及日本P&G這一組織的信用。那些傢伙一定會把日本P&G給看扁的，然後連帶地也會看不起日本人。在我的背後，延續著日本組織的下屬們及年輕後輩們的未來，若是不顧一切地逃跑，「曾經逃避的記憶」必定會一直糾纏著我的人生。

我才不要變成那樣!我感覺到自己心中一直以來都很重視的某些東西崩壞了，似乎再也無法復原。

苦悶地在床上蓋著毛毯思考到最後一刻的我，終於做出決定——猶豫的時候**就選困難的一方！人類的大腦總是帶有偏見，會覺得輕鬆的看起來比較好。**所以艱難的道路才是正確答案。如果跌倒無法避免，至少也要在該前進的正確方向上，往前摔才好。沒錯，這才像我！跟他拼了！我要跟他拼了！

徹底想清楚的我，帶著有如刺客般的眼神，在他的辦公室門前耐心等待，然後一看到他出現便立刻走上前去。對著因奇襲而大吃一驚的他，我以超越他昨天的、足以傳遍整個樓層的大音量，用力吼了回去！

「感謝你昨天直白的回饋意見，我會盡力修正簡報的缺失以滿足期望。但不管你講什麼，我都會出席和客戶的會議，因爲那是我身爲品牌經理的使命。而且最重要的是，只要實行該策略，客戶和我們的銷售額都必定會大幅提升，對於這點我有信心也有自信。如果你眞的覺得我是累贅，就去跟上頭的人講，叫他們開除我。只要我還待在這個職位，就會毫不猶豫地工作到最後一秒，所以你也不用跟我客氣，我一定會做出成果的！」

他很驚訝，而我隔了數秒鐘的呼吸後，轉身離開。一直被認爲是有禮貌的日本人的我，從那之後就被當成是極度瘋狂的危險份子。

總之，我將努力聚焦於重點。簡報的部分，我請唯一眞正對我友善的第二代巴西移民同事，把總長15分鐘的內容，以正統英語發音錄下來，然後我一遍又一遍地聽，並練習發音和語調，直到徹底熟記且能在14分鐘內講完爲止（其實我到現在都還記得那15分鐘的簡報內容，偶爾還會用正統發音嘟囔兩句呢）。

我毫不畏懼地持續於拜訪客戶時進行此簡報。只不過這種在英文上的努力雖然必要，卻不是核心，畢竟靠英文怎樣都是贏不了的。正如以往的經驗，**在逆境中，只能依據自己的優勢來思考致勝之道**。所以我要用他們都想不到的「策略」來贏，我一定要用思考力留下日本人的痕跡。我眞的是拼了。

在這段美國時代，我是如何建立策略並做出結果，成功改變了周遭對我的評價及看法呢？簡單來說，就是運用了改善配銷品質的策略。**重點就在於，只用自己的優勢來戰鬥，以及先瞭解自己的優勢這兩件事**。若能讓人知道我是會做出成果的人，則由於騎在會贏的馬上的好處顯而易見，因此，人們便會願意跟隨我，我必須要符合他們的自保目的才行。這機制極爲冷酷而明確，可說是專業世界的法則。

與業務部的大頭發生衝突後不久，辛辛那提便正式進入冬季。我的情況還是一樣，別說是獲得周遭的理解及支援了，光是在辦公室裡過度緊繃的每一天，都一再持續消磨著我的心智。就如你也知道的，辛辛那提的冬天真的非常冷，由於位在中西部，早上8點外頭還是一片黑漆漆，偶爾若下起大雪，有時甚至會有零下20度左右的大寒流襲來。

每個都是如此黑暗又寒冷的冬季早晨。直到現在我才敢忍辱說出實情，那時在自己房裡，我總是在床上用毛毯蓋住頭，一個人在那邊掙扎著「我不想上班，我不想上班！」不過，最終還是抓住了心中的那一根細線，從床上爬下來，站在鏡子前暗示鏡中的自己，讓祖國的英靈降臨己身，想著「我一定要做出成果，我一定能做出成果！」

更慘的是，困擾我的不只有工作而已。帶著三個年幼的孩子到海外，光是要搞定基本生活就很不容易了。夫妻兩人都必須取得汽車駕照、學校和托兒所的手續、家庭醫生和牙醫的手續、才剛到美國你妹妹就突然嚴重受傷，還有數量驚人的三人份預防接種安排……等等。這些都不該由英文不好的你母親來做，當然是該由爲圖自己方便而把全家從日本帶過來的我負責處理。但要搞定大多必須在白天處理的這些與外部的溝通協調，同時又要兼顧在辦公室所面臨的嚴峻局勢，實在是困難至極。

該做的沒能做到或忘了做的現象，開始在工作和家庭兩方面陸續發生。除了在身爲領導者卻不被信任的辦公室裡，無法滿足人們的期待之外，我在家裡也無法滿足家人們對一家之主的期待，導致每天壓力越來越大。自我評價無可避免地一路走跌……

尤其4月在日本的小學，9月又在美國的小學，連續參加了兩次開學典禮的你，在所有孩子中，我想也是壓力最大、最辛苦的。畢竟你是被丟進了當地的普通學校。看著你上學時，邊哭邊說：「我根本聽不懂朋友和老師在說什麼，每天只能一直坐在位子上，你瞭解我的感受嗎？」我簡直是心如刀割。

自從到了美國後，這樣的日子便一再累積，秋去冬來，就在即將迎接新年的某個早晨，我驚訝地發現自己排出了鮮紅的血尿。於是，在工作與家庭的壓力之外，又再加上了由結石所導致有如刀刺般的劇烈疼痛，形成三重痛苦。因血尿而痛得不得了的日子，就這麼持續了好幾個月。那個冬天對比當時我的戰鬥力，老實說已經逼近極限。人眞的被逼到極限而崩潰，多半都是除工作之外，私生活也同時出現問題的時候。只有一邊出問題的話通常都還熬得過去，但被公、私兩方面的大問題夾擊的人，可說是極度脆弱。

不過常言道，沒有不會結束的冬天。當我的策略一如預期地在數字上顯現出驚人成果，職場上的問題便獲得了大幅度的改善。一旦做出成果，那些傢伙就像翻書一樣快地改變了態度，周遭的人們都認同我是一匹「會贏的馬」，而願意跟隨我。如此一來，我就能驅動更多人，藉以做出更大的成果，這樣就能啓動成功的伽瑪分布*！

而此次救了我的，也是**對於自身優勢的專注**。更確切地說，是我選擇了「能將自己的特質轉變爲優勢的情境」，並朝著該方向奮力游去。

在家庭方面，狀況也開始好轉。優秀的你，僅短短三個月左右的時間，便在英文方面開了竅，到了春天已能如母語般地說出流利的英語，朋友也越來越多。你知道那有多麼令我寬慰嗎？我後來聽說，面對重大的環境變化，只要有半年左右的時間，人便有能力適應新環境。而且這不僅適用於新進員工和職務異動、留學生等情況，就連被關進監牢的受刑人也是一樣。的確，在經過了約莫六個月後，春天也終於慢慢造訪跌到谷底的我們家。

順道說個題外話，精神上有了餘裕的我，後來在職場上小小地報了個仇。我故意告訴大家我的中間名（middle name）是「Uesama」（日本人哪有什麼中間名?!），好讓大家都叫我「Uesama*」。結果不管是下屬還是同事，甚至連上司都在不知情的狀況下叫我「Uesama、Uesama（大人、大人）」（笑）。Morioka（森岡，作者的姓）和Tsuyoshi（毅，作者的名）對他們來說，都很難發音，我已經受夠了一直被叫成「Mariaki」或「Chuyashi」之類的怪名字。反正想想他們當初的所作所爲，這種程度的惡作劇是應該要被原諒的才對，而且「Uesama（大人）」我的心情也因此好一點！

赴美兩年後，總算能持續做出成果並獲得認同，於是我晉升爲行銷副總監。而你媽也懷了第四個孩子，我們成了六口之家。我曾經是那麼地想要回去日本，

---

*注解：Gamma distribution，統計學中的一種連續機率函數。

*注解：Uesama，日文中對身分地位高者的尊稱，類似中文裡的「父親大人」、「法官大人」中的「大人」之意。

但真的決定要回去時，竟開始對美國的生活感到依依不捨。在經歷了這麼多可怕的事情後，竟然還會對這些人有所留戀，這樣的心情實在是不可思議。那個業務部大頭給我的臨別贈言，著實令人難忘。

「Uesama，一開始我與你衝突不斷。你一來就突然說什麼那個不對、這個也錯了、讓我們改成這樣、必須要這樣才行，幾乎每天都有新意見……講話實在是有夠直截了當的。我聽說日本人都很謙虛有禮，但你這傢伙到底是怎麼一回事？就像在批評幾十年來已把這業務摸透的我們，都是笨蛋般的那種強硬態度，實在讓我無法忍受……

但有一天，你令我大吃一驚。明明前一週你的英文還很爛，可是隔週卻突然像變了個人似的說出一口流暢的英語。不知爲何，你總是「只在簡報時」會突然講出葡萄牙語口音的英文，就連X先生（幫我錄下英語發音的那個朋友）獨特的講話習慣都完美複製。我做這工作很久了，但你的膽量著實令我驚訝。那時我才充分領悟到，你是一個多麼認眞、多麼頑強的傢伙。

你講話太直接，前因後果和步驟順序什麼的你都不在乎。不過，現在我知道這是爲什麼了。因爲你只是比誰都更專注於業務的發展，在這件事上，比誰都更單純而拼命。誰都想不到的事，你一下子就想到了。但如ＭＩＴ教授般的輕鬆幽默你卻是一點兒也不具備，就是隻蠻牛！只有一身的膽量和土味，所以夠硬！正因爲是這樣的你，才得以做出如此令人振奮的成果！

少了你就沒人跟我吵架了，眞寂寞。所以你別回日本了，就算暫時回去一趟也要記得回來！我們下次一定會熱烈地歡迎你。」

現在在佛羅里達過著悠閒生活的他，今年也寄了收件人寫著「Uesama」的聖誕卡過來。**唯有彼此都認同對方的實力之後，才有友誼與尊敬可言。**

徹底改變環境、置自己於死地而後生的挑戰，越是艱苦，就越能讓自己有飛躍性的成長，因為這樣可以大幅擴展眼界（一個人所能夠認知的世界）。而眼界一旦擴大，你便能清楚地意識到現在的自己和想成爲的自己之間的差距，這就是各種能力覺醒的起點。你將逐漸獲得許多能力，逐漸對許多事情不爲所動。我自己也實實在在地體會到，當迫於生存需求而感知到危機時，以往一直沉睡著的許多基因才一個接著一個地醒來。因此，獲得的是更寬廣的世界，以及身爲人類的基本自信。換句話說，這就是「適應環境的能力」。

所謂強者，就是能夠配合環境改變自己，或是能夠改變環境以配合自己的人。這種能力基本上每個人都具備，但其實很多人都一直讓它沉睡著。於是遭遇人生無可避免的逆境（家庭的問題、職場上的人際關係、不想要的職務調動或工作變動等）時，在問題很容易就超出自己小小能力範圍的狀態下，往往還沒成功適應，就立刻先崩潰了。

若總是選擇對自己來說安全且壓力較小的道路，運氣好的話或許能夠幸福快樂，但這樣是絕不可能變強的。因爲除非走出Comfort Zone（舒適圈），否則該能力就無法覺醒。

我誠心希望也期待你能夠刻意地總是讓100分的自己，去挑戰120分或130分的負荷。我也打算繼續加快我的旅程，把眼界擴大到我還不知道的外部世界。外面的世界，肯定充滿了未知的有趣事物！

第6章

如何面對自己的「軟弱」？

如何面對「焦慮」？

職涯這種東西，即使制定了策略也不見得就能照計畫進行。意外在所難免，有些選擇不是你能控制的、力有未逮而導致的失敗與挫折，以及遲遲未能達成目的等，都是常有的事。如果目的本來就高遠，困難是理所當然。

但「有策略的職涯」還是比「沒策略的職涯」能飛得又高又遠。然而，未來的未知部分較多這點是不爭的事實。勉強能算是已知的，只有持續更新的你的目的與選擇而已。在做出選擇並擲出骰子後，一切就都交給機率的大神了。

你一定很「焦慮」吧？不過，就結論而言，只要你今後繼續成長，那樣的焦慮就永遠不會消失。但沒關係，因爲你終究會習慣這樣的焦慮，然後與焦慮共存的你，必定能把焦慮當成燃料，越變越強。說得淺白些，**焦慮正是你仍在持續挑戰的證據**。

還記得我說過，人有自保的本能嗎？挑戰所引發的變化越大，焦慮就越大。換言之，**所謂的焦慮，就像是由克服本能奮力挑戰的你的勇氣所吹響的號角聲**。

越是焦慮，就表示你越勇敢！還有，預測未來的智慧越高，焦慮也會越大。越是焦慮，就表示你的智慧眞的在發揮作用。你一定要理解，奮力挑戰的你的「勇氣」與「智慧」越是強大，就越顯清晰的「影子」，這就是「焦慮」的眞面目。

所以，怕得皮皮剉的你，眞的很了不起！其實我也常常很剉、很害怕（笑）。但若我說出「我好怕」的話，周圍人們的信心就會動搖，所以我很早開始就選擇以別的方式表達。我養成了會在這種時候說：「好麻啊！」的奇怪口頭禪。

所謂很麻的時候，就是儘管正承受著相應的壓力，但我仍確實意識到自己的勇氣與智慧依舊健在。焦慮和壓力本身雖然痛苦，但進行該挑戰的自身行動的「意義」與「價值」，會穩穩地撐起自己的軸心。

所以，我變得即使商場上發生了不得了的大事，仍能享受那種一片混亂的不穩定狀態，甚至漸漸變得在那種情況下都還笑得出來。這並不是「因爲我是被虐狂，所以能克服焦慮」；這是因爲就算遇到最糟的狀況，我仍能確實理解那不是最糟的，所以能夠克服焦慮。這是因爲在挑戰的過程中，獲得的諸多寶貴經驗值，替我平衡了掛在天秤另一端的沉重的「焦慮」。

在職業生涯中，能否達成當前目的並不是全部。**最重要的是朝著目的的方向不斷成長**。藉由成長，達成目的的機率便會提升，只要不放棄，終有一天一定能達成該目的。比起「不挑戰所以不會失敗的自己」，「因爲挑戰而失敗的自己」絕對會變得更強大。

若是全力衝撞過，那麼就算失敗、就算摔了個狗吃屎，也只要從跌倒的地方站起來即可。沒關係，那時的自己，肯定已經變得比現在要強得多。

實際上，因爲嚴重的失敗而學到的經驗和獲得的人脈，往往讓我看見了非常多過去所無法想像的全新世界。我的Physique亦是如此。不論成功還是失敗，只要能有所成長、能比現在更進步，其實就沒什麼太大損失。一旦理解這點，即使面對焦慮，你一定也能笑得出來。

請冷靜想想，一旦理解了這件事，焦慮和風險到底算什麼？公司和組織能夠對你做的最壞事情是什麼呢？成爲了社會人，進入了某家公司，然後積極地去挑戰，就算遭逢重大失敗，也不會有人來取你性命，對吧？最嚴重也不過就是「你明天不用來上班了，你被開除了！」所以有那麼可怕嗎？

想你一定也知道，實際上絕大多數被開除的人，他們的人生依舊在繼續。如果被開除，那就再找個新的地方待不就結了。只要有求生意志，就必定活得下去，甚至搞不好以此爲契機，反而還能找到更有發揮空間的地方。

你到底在怕什麼呢？在這廣大的世界裡，不論生存方式，還是對你的特質有需求的地方，應該都多不勝數。你可以自由地創業做生意，只要認眞思考，要想出多少切入點應該都不成問題。那爲什麼還會這麼害怕失去現在的工作呢？

其實那樣的恐懼，有超過一半以上都只是反映了**自保本能的虛構情節**。「離開了這座山就會餓死！」是大腦呈獻給你的幻象。不是你的理性對被開除一事感到恐懼，是大腦在本能的層次上，爲了避免變化所產生的壓力而讓你皮皮剉。像這樣持續被大腦欺騙，便導致了很多人都盡可能避免「變化」，於是人們始終害怕變化，而讓這種「怕痛人」持續增加。

「怕痛人」在其過去的人生中，並未累積足夠的耐受力來應付眼前的變化。從不挑戰，總是選擇逃離變化。由於不挑戰，所以不會成長；由於不挑戰，所以相對地就會變得越來越弱。就因爲越來越倚賴現在所居住的山，故爲了能留在這座山裡，只好過著無可避免地成爲某人的「奴隸」的人生。即使很小的改變也覺得可怕，就這樣做一輩子的小綿羊或弱雞。不做選擇，就等於被動地選擇了那樣的人生。

那樣的未來不是更令人「焦慮」嗎？**不挑戰的人生，反而更免不了嚴重的焦慮，那是一種沒自信的人特有的「永遠消除不了的焦慮」**。請仔細想想。你眞的想要走上那樣的人生道路嗎？你是爲了過著那樣的人生而誕生在這世上的嗎？

不！如果橫豎都會焦慮的話，那就該選擇挑戰帶來的「焦慮」。藉由認識到挑戰的「焦慮」屬於良性，你就能習慣其壓力，甚至還能跟它成爲朋友。**挑戰的「焦慮」是對你未來的一種投資**。逃避該焦慮就等於不去承擔失敗的風險，亦即選擇了什麼都不挑戰。那麼之後，你必定會被吸進所謂「永遠消除不了的焦慮」的更惡質黑暗中。

請認眞想想，「從未失敗過的人生……」，請想像自己在死前如此喃喃自語後便壽終正寢的情景。這樣眞的就能毫無遺憾地撒手歸西嗎？從未失敗過，就等於從未挑戰過，就相當於在你無可替代的一生中，從未試圖做過任何事。這根本就是膽小鬼在浪費人生！

從未失敗過的人生，本身不就是個最糟糕的大失敗嗎？別擔心，人不管做什麼，還是什麼都不做，總有一天都會死。既然橫豎都會死，那又何必害怕挑戰任何事。明明在有限的時間裡不做點自己想做的事，才是眞正虧大了。

能夠面對焦慮、能夠正面迎向令人寒毛直豎而皮皮剉的挑戰，你眞的很棒！**痛苦和焦慮都是活著的證明**。此時，在這一瞬間你是「活著的」。有太多人儘管肉體活著，但實際上根本不知到底是死是活，而你卻能夠勇敢地跨出安全地帶，燃燒生命，嘗試挑戰！若你能夠自己選擇這條路，那麼你可以充滿信心，因爲你的勇氣和智慧都還存在。

請賦予心中的「焦慮」居住權，認可「焦慮」的地位，要爲這「正在挑戰中的證據」而歡欣鼓舞。焦慮就焦慮，沒關係。像這樣常態性地與適度的焦慮共存，才是能夠持續成長的人生，才能夠成爲獨一無二出色的自己。只要你還一直持續磨練，「焦慮」就一輩子都不會消失。但焦慮是可以習慣的，你很快就不再會因一點小事而動不動就覺得焦慮。隨著自己的成長，你將擁有更多能力，自信也會隨之而來，於是以往讓你焦慮的事，會變得完全不成問題。

如此磨練並日益強化的你，一定會漸漸無法滿足於小事所帶來的「挑戰度」。到時你會想要更高強度的挑戰，會選擇能夠在該時間點感受到相應「焦慮度」的挑戰，試圖成爲更強大的自己。只要這樣的循環一直持續下去，你就會繼續成長。

若是一直待在不會令自己感到焦慮的舒適環境中，則成長便會戛然而止。那麼，這循環到底會持續到什麼時候呢？要成長到什麼程度這個選擇，取決於你的目的，每個人可依據自己的價值觀來選。

以現在的我來說，我希望讓這循環一直持續到我死的那一瞬間爲止，我不知道這想法是否眞會延續一輩子。我已是不惑之年，當初爲了追求挑戰而進入P&G，又爲了追求進一步的挑戰而進入日本環球影城，接著再爲了追求更大的挑戰而投入創業一途。毫無疑問，正是因爲不停地延續著這樣的循環，才有了今日的我。

不過，未來想必還有很多我還不知道的人生境界存在。現在可說是我這輩子最健康的時期，但再過個幾十年，體力與精力肯定都會有所變化。我不知道未來會怎樣，但我的確知道好幾個眞實案例，他們即使年紀很大卻依舊延續著這樣的循環。我所遇見的這些人，就專業人士而言都無須爭議，各個酷到不行。

例如：在日本環球影城認識的格倫・甘培爾，直到67歲從日本環球影城退下來爲止，他都一直持續著高強度的挑戰。把家人留在美國，一個人來到大阪的日本環球影城投入挑戰12年。在艱困之中，他比誰都更執著於環球影城的生意，堅持要贏的他總是一想再想、徹底思考，讓思考力的敏銳與鋒利閃耀光輝，結果他出色地完成了自己的挑戰。

從現在開始再過20年，我能否燃起像當時的格倫那樣強烈的執著？雖然我希望能達到那樣的地步，因爲我不想輸，但老實說我沒自信能做到。他的挑戰精神就是如此強烈，強烈到會讓我這麼覺得。

持續磨練自己長達半世紀的「高手」的驚人光芒，我確實已見識過不只一次。不只是格倫，我有幸得以認識好幾位長者，他們都體現了不斷挑戰的人生之美。他們用背影教會了我，變老所代表的不只有失去，也是能夠活得充實、能夠對社會極爲有用。而我也想成爲能夠對你們展現出這種背影的長者。

對於將活在所謂人生百年時代的你們來說，怎樣才能把如此漫長的人生活得既充實又有意義呢？一旦養成了不挑戰的習慣，漫長的人生一定會變得很無聊吧？因此，我建議你選擇勇敢面對焦慮，並與之和平共存的道路。這當然沒有太早開始的問題，而且有鑑於任何時候開始，都能讓自那時起的人生閃耀光輝，故應該也沒有太晚的問題。

有焦慮才會有成長，才會成熟，眼界才會擴大。焦慮的你，已經用自己的雙腳展開了通往自己世界的旅程。由此開始映入眼簾的景色，就是你自己的世界。我想對你說：「Welcome to your world!」

如何面對「弱點」？

在即將展開的漫長職涯之旅中，你一定會被迫要克服自己的「弱點」。雖說有些可能是由你的自覺所促成，但更多是來自社會不管你的特質爲何，而一律加諸於你的各種期待。公司和上司多半都只會批評你的弱點，只會要求你要改善那些缺陷。

正如我已提過的，公司之所以付薪水給你，並不是針對你克服弱點的努力，而是**針對你的優勢（優點）在付錢**。如果想提高年收入的話，就必須發展優勢才行。因此，當你被要求要改善弱點、缺點的時候，在乖乖說「好」的同時，也必須冷靜地判斷，要多認眞地將資源用於這克服的任務上。表面上要怎麼遮掩都行，但基本上，你始終必須採取忠於職涯策略的行動才行。

那麼該怎麼判斷呢？首先應該思考的是，你被要求、被期待的行動，是屬於以下三種情況中的哪一種？**①與你的優勢特質相反、②可進一步強化你的優勢特質、③不知道**。

可以儘早放棄的，只有屬於①的情況。那種會謀殺了自身優勢的矛盾要求，是絕不能誠心接受的。因爲若能做到那種要求，對上司及公司來說固然方便，但對你來說卻是極不方便。除非是你自己想要，否則把本是茄子的你弄成番茄這種要求，根本沒必要接受。至少這不該是由公司決定，應該要由你自己決定，故在開朗地回應：「好，我會努力！」的同時，應把精力集中於運用自身優勢來解決問題的方法。若這樣無法獲得認可，那就去找能夠認可你的環境。

②就屬於該要認真努力改善的課題。例如：立志靠分析力生存的T型行銷人，若是被指出除了本來擅長的量化研究計數分析外，也該具備以質化研究達成的更多元判斷力時，就該確實投入並努力改善。畢竟沒試過怎麼知道自己擅不擅長。而試過後，也可能因此看見自己特質的界線。但請務必記住，**至少試過的好處是，你會更瞭解自己的特質**。

所以包括③在內，人是不可以挑食的。如果不知道，就先乖乖地嘗試上司的要求，積極努力地去做出成果即可。藉由嘗試，或許能增加自己心中「喜歡的動詞」。如果喜歡的動詞真的增加了，那就得要好好感謝你的上司了。

另一方面，也很有可能在認真試過後，還是發現只增加了不擅長的領域。這時就必須冷靜判斷，「做不到」的理由，到底是「不夠努力／不得要領」，還是「顯然不適合自己的特質」。爲了能做出正確的判斷，你就必須先認真投入，並在相當的期間內持續努力。

其中，若你做不到的理由，是源自於自己天生的特質，那麼這就屬於①，是可放棄的領域。若非如此，如果按照My Brand設計藍圖，這是必須學會的重要領域，那就該按部就班地繼續努力。

只有位在該本人優勢特質周圍的領域，才是一個人能夠克服的弱點，也才是一個人該要克服的弱點。我認為，除此之外的努力幾乎都不會有回報，所以人只需要為了進一步強化自己想強化的能力而去克服弱點，其他的都可以乾脆地放棄。沒錯，就直接放棄。亦即策略性地撤出讓自己精通該領域的任務。

很多人對於「選擇不做」這點毫無意識，但其實這非常重要。若只是照著別人的意見試圖改變自己，有再多的時間和精力也不夠用。因為那樣只會成為對他人而言，方便好用的「便利貼人」而已。

有時該領域對於自己想達成的工作或事業來說，可能至關重大。所謂社會人士的生活就是充滿了這種事，對優缺點分明的我來說，更是家常便飯。因此，面對「弱點」的終極方法便成為必要。你也必須學會**利用人的力量來解決問題的技術**，而這其實就是L屬性者所擅長的、充分活用人力的領導力。

若只是業餘嗜好的層次或許有辦法，但在專業的世界裡，根本不可能單一個人就齊備達成目的所需的所有主要能力。因爲若以齊備所有能力爲目標，就一定會變成「樣樣通，樣樣鬆」。只要是具備顯著優勢的專業人士，就必定存在有某些不擅長的領域。所以，借用他人力量來彌補自己不擅長之處，便成了一種極爲重要的策略手段。

平常就要尋找與自己能力互補的專業人士，要珍惜在自己周遭的這些人。而同時，你也必須努力使自己的優勢，能夠對周圍人們的目的有所助益。如此一來，你的能力便會成爲某一目的下的團隊力量之一。而該團隊結合了各種不同的優勢技能，減少死角，彷佛逐漸成爲近乎完美的生物般，一一齊備達成目的所需之諸多能力。這就是「**組織力**」。

自行奮力克服藏在自己優勢背後的弱點，實在是太浪費力氣了。有那種閒工夫的話，還不如找個在該方面具優勢的人，謙卑地借用其能力即可。大部分時候，所具備之優勢正好是你的弱點的人，往往都很欣賞你的優點。因爲這種人擁有的特性，很可能與你恰恰相反。當你意識到自己的弱點並試圖借用他人力量時，就能創造出讓那個人的價值閃耀光輝的「場域」，而在讓別人發光的同時，你自己也在發光。

因此，不只是自己，今後你也必須仔細觀察自己周圍的上司及同事、前輩晚輩、下屬等每個人「身爲人的特質」。只觀察目前的技能並不好，應該包括未經琢磨的特質在內，你必須要看清一個人打從根本就具備「靈的部分」才行。出了社會後，在與周遭接觸時，若有意識到此事的重要性，便能更充分瞭解人們「喜歡的動詞」。一旦培養出這樣的眼光，就能讓成爲強大L型人的可能性全力綻放。

而在充分理解人的特質後，尤其值得珍惜的，並不是和自己相似的人。人往往會在無意識中，對與自己相似的人有過高評價。這是因爲具自保本能的大腦，總是帶有偏見，總會想認同自己、肯定自己的關係。**其實你反而是該特別注意並尋找和自己具有不同類型特質的人，認可其價值**，讓這個人在該價值大爆發的場域中發光發熱，你必須要滿懷敬意地珍惜這些人才行。過去格倫便是如此待我，畢竟在人的內心深處，就是願意爲了懂得自己價值的人認眞地發揮實力。

比起50支都是小提琴，組合了多種樂器而能發出各式各樣音色的管弦樂團，能演奏的樂曲顯然更多。**這就是「Diversity（多樣性）」的眞正價值**。若你希望有一天能成大事，那麼請於周遭尋求各式各樣不同音色（思維的多樣性）。

領導者的工作，就是帶來會讓大家想彈奏的樂曲，明確提示完成時的形象，然後引出每個成員各自的獨特音色，並透過搭配組合來創造音樂。順利的話，不知不覺地，在揮舞著指揮棒的你身後，肯定會有許多觀衆聚集，爲你們的演奏而感動。

我之所以能夠成功重建日本環球影城、之所以現在能夠透過「刀」這家公司做出重大成果，都要歸功於那些與我特質大相逕庭的夥伴們。

在創立「刀」的時候，願意加入我的人數之多，拿十隻手指再加腳指都數不完。他們都是在各自的專業道路上一騎當千的第一人，但卻願意選擇與我一同踏上追求同一目的之旅程選擇了這個前途未卜的小小新創公司。明明我這個人的優缺點如此分明，又不是什麼大富翁，所以我眞的非常感謝這些願意捨棄安穩，而與我一同承擔挑戰風險的每一個夥伴。

經歷最初營業額連1日圓都不到的艱困時期，即使到了第三年，依舊沒有任何人離開，只有士氣一路日益高昂。現在在我船上與我一同航行的夥伴，已多達30名左右，聚集他們的力量消除死角，以「刀」之名達成的出色業務成果，已能列出好幾個。他們才是身爲專業人士的我，最該重視的。對我來說，所謂面對「弱點」的終極方法就是這個。

還記得以前當你煩惱於交友關係時，我是怎麼跟你說的嗎？我說：「你總有一天會有夥伴，所以不需要那些廣泛、淺薄地以錯覺相互連結的『朋友』。」沒有朋友、交不到朋友、和朋友處得不好什麼的，這些根本都不用擔心。超越利害關係的好友固然值得珍惜，但完全不需要因爲交不到這種朋友而憂慮。我是眞的這麼想。

所有人終究都各自過著以自己爲主角的人生，因爲本來就該這樣。再怎麼拼命互相關懷，玩著「交朋友」的遊戲，明明原本目的就不同，卻還要想辦法調整彼此的利益得失，這打從一開始就是個「不可能破關的遊戲」。畢竟目的不一致，即使勉強配合，相對於累積出的壓力之多，能夠共享的時間和空間也只會有一點點。**所謂的朋友，其實是無法共享長久而持續的職業與人生之旅**。

如果有那個美國時間煩惱這種事，還不如早點找出自己想做的事，並且一頭栽進去。只要以自己的方式，筆直地豎起旗幟，一股腦兒地往前邁進即可。

沒有朋友也沒關係。如果是追尋目的，我想終有一天，一定也能夠找到與你攜手追尋同一目的的眞正「夥伴」。我認爲，這就是**面對自身弱點的終極方法**。

想要改變行為時的訣竅

讓我來告訴你，想改變自己的行爲時，有什麼訣竅能讓自己的行爲確實改變。雖然之前在《日本環球影城吸金魔法：打敗不景氣的逆天行銷術》一書中我也詳述過，不過，重要的事情講幾次都不嫌多。

人即使想改變往往也改不了。這是為什麼？這是因為忍受不了，決心改變時的意識變化與實際行為變化之間的「時間差」。

讓我簡單扼要地說明一下箇中原理。

假設你下定決心「要改變自己的行爲」，在這一瞬間，你的意識（Mindset，心態）就已經改變。但**實際行為是否改變，卻是與神經迴路連動之肌肉運動等物理性問題**。在此之前的行爲模式，已由腦細胞及神經迴路所記憶，一旦在無意識下動作，人的行爲預設便會依據一定的既有模式。由於是要更改這模式，所以必須一再地花時間讓新的神經迴路與肌肉連動成爲主要模式，必須實實在在地讓「身體」記住才行。

換言之，**要達到行為變化其實很花時間**。儘管意識有了變化，以爲自己「已經改變」，但實際行爲無法立刻同步配合，是很自然合理的。實際上，在覺得自己的意識有了變化後，人往往還是會一再重複原本的行爲。因而被上司罵：「我之前不就講過了？同樣的事情不要讓我講第二次！」也會被另一半唸：「你喔，眞的只會嘴上說說，實際上什麼都改不了！」然後自己也會覺得：「我眞的很糟糕。」所以人是很不容易改變的。

無法忍受「意識變化↓行爲變化」的時間差，讓周圍的人失望，也對自己感到失望，以致於無法繼續努力改變行爲。亦即無法繼續物理上的矯正訓練，於是這個人的行爲就不可能改變。

那麼在想改變時，就能順利改變的訣竅是什麼呢？那就是，**一開始要先做好無法立刻改變的心理準備，將很花時間的這點納入考量，然後持續努力改變**。也就是要為周遭和自己都設定好正確的期待值。

舉一個我自己的例子吧——

我曾經接受你媽一再的強烈要求，承諾要達成一項「行為變化」，那就是把以往基於男性尊嚴而站著小便的方式，改為坐著進行。這是真的。

前幾天，我因飛機延誤而空出時間，於是便利用這段時間嘗試計算了站著尿和坐著尿，會因位能不同導致的飛濺隨機機率之分散差距，而造成多大的擴散範圍差異。一比之下，我才發現你媽的主張，在科學上極為公平合理，所以我就被說服了。我單純地覺得「這真是太可怕了！以後都坐著尿吧。」

那麼，下定決心要改變行為後會怎樣呢？千萬別小看，至今為止歷經46年時間徹底滲入身體的習慣（神經迴路與肌肉的連動），你可以輕易想像到一衝進廁所便不自覺地站著尿的情景。沒錯，敵人就是「尿意的加速度」！但我知道不可能立刻改變，所以即使不小心站著尿了，我也不會對自己有不必要的失望感。

一開始只要5次裡有1次（亦即每天約1次）是坐著尿，我就會認可自己的努力。然後漸漸地，就能做到5次裡約有2次是站著，這時我就會更認可自己的努力，覺得「我好厲害！已經快超越公狗了……」。而能夠想到在馬桶蓋背面貼一張紙寫著「坐著尿」，好讓自己一掀開馬桶蓋就能看到時，就更應該大大地認可自己「我眞是了不起！不愧是靈長類！」畢竟以一種**延續意識變化的「系統」**來說，這招實在是太優秀。

接著，又變成能做到3次，而經過三個月後，就幾乎能達到約4～5次都坐著尿的程度了。總是有意識地持續如此實行，終有一天一定能建立起新的神經迴路與肌肉連動預設模式，於是就能無意識地、自然而然地坐著尿。這樣才能逐漸增加機率，**讓自己有更高的機會，能採取有利於自身目的之行動**。要讓意識變化順利連接至行爲變化，就必須像這樣努力防範時間差的問題。

實際在工作上，上司或周圍的人極少會以如此溫暖的態度來對待你。與意識變化和行爲變化之間的時間差戰鬥的，通常只有你自己。周遭的人只會毫不留情地對你表示失望，請務必做好心理準備。

儘管如此，你也不能停止意識上的持續變化與努力。若該行爲變化對你來說很重要，你就絕不能放棄。就算同樣的失敗重複了好幾次，透過不屈不撓地一再覆寫，你必定能建立出新的行爲模式。

然後有一天，當你有了下屬，並對下屬施壓要求：「你要改變！」時，我希望你能回想起這點。與其只有下屬本人在努力，若你能對該下屬行爲變化中5分之1的成功表示認可、若你能立刻稱讚那樣的改變，你的下屬必定會朝著想改變的方向加速變化而去（我想自己的小孩也是如此……）。

自己有所成長固然很令人開心，不過，我覺得鮮少有其他事物能讓人感受到，自己的參與，能使周遭重要的人們有怎樣的改變，能夠成爲那種變化的起點所帶來的快樂。

人們不容易改變，但若是順著個人特質，那麼依做法不同還是有改變的可能。雖然茄子不可能變成小黃瓜，但爲了讓茄子變成更棒的茄子而做的行爲變化，眞的非常重要。

不論對於自己、對於負責培育的人，還是對於夥伴，「**察覺**」與「**支持**」肯定都有必要。

給未來的你

代替遲遲無法讓孩子獨立的我，你一步步緩慢而穩定地邁向離巢之路，因此，以這畢業求職的時間點爲一段落。在寫了這麼多之後，我有一些話想要好好跟你說。請相信我的意圖純粹而正向，務必讀到最後爲止。

在你出生的20世紀末，日本正處於谷底，泡沫崩壞已久，使社會成長的改革卻遲遲沒有進展，經濟完全看不到任何前景，關西大地震的兇惡爪痕依舊清晰，甚至飄散著世紀末全球毀滅的預言感，眞的就是最糟的狀態。即使比起今日已經過了20年以上仍在原地徘徊的日本，囚禁著當時人們的不景氣，仍舊是極度嚴重的黑暗深淵。

我自己的職業生涯，也處於谷底。剛出社會沒多久，精神上便已陷入連接電話都有困難的窘境，但我還是用自己的方式拼命摸索生路，艱苦奮鬥。

就是在那時，你出生了。你們這一世代，正是誕生於那樣的谷底的「光明」。

第一次見到小小的你，明明才剛出生，卻睜著大眼睛以強而有力的視線緩緩地環顧整個房間，就像在確認新世界中每個事物的狀態般。恐龍家長心態眞的是很可怕，沒想到這時你媽竟先開口，一字不差地把我在那一瞬間心裡所想的給說了出來。

「這孩子看起來超聰明！」（笑）。

我戰戰兢兢地抱起睥睨世界的你，好小！好可愛！你突然緊緊握住我左手的無名指，那時直接傳遞來的溫暖，是多麼地如夢似幻，但卻又眞實存在。你小小的手掌與米粒般的指尖所握住的，並不是一根手指，而是全部的我。

或許是在此之前一直沉睡著的DNA程式吧？在我心中確實有某種開關被打開了。簡言之，就是心中萌生了覺悟，覺得必須爲這孩子不顧一切拼命努力。只是那樣的震撼並不屬於這種層次，而是突然之間「全能感」降臨。人也好熊也罷，彷彿我一拳就能打倒，也能飛上天空，甚至可以征服世界。一種毫無根據但「我什麼都做得到！」的莫名自信，突然之間就出現在我心靈的正中央。

離開醫院時，一抬頭便看見的那片無垠藍天，至今我仍無法忘記。

小小的你給了我莫大的力量，甚至可說是賦予了我生存的意義。對於進入社會後挫折不斷，在反覆摸索中陷入僵局而瀕臨崩潰的我來說，你的出現是如此強大的激勵。自那天起，我再也不會感到筋疲力盡，幹勁如火山爆發般轟隆隆！轟隆隆！不斷湧現。原本懶散的我，因此得以克服軟弱，強迫自己採取該有的行動。

以往我和大多數人一樣，做到覺得「差不多了」就回家，但那樣的品質完全無法讓我對自己的工作感到滿足。於是我便養成了習慣，致力於做出自己獨特的附加價值，並以堅持這點爲理所當然。漸漸地，我能夠越來越積極地挑戰各種事物，就連球技都變好了。

我得要趕快成爲「更能幹的男人」才行，畢竟我現在可是你的父親了呢！

就算因工作而有些沮喪，做到疲憊不堪，都不再是大問題。因爲一回家就有小小的你在等我，爲我哭也爲我笑。週末只要能讓你穿著可愛的小雞斗篷，坐在我的右肩上到公園去，一切就很完美。只要有時間和你相處，一整週的努力便全都有了回報。你的誕生，對我來說眞的就像是「天使的降臨」……

在我們一起生活的二十幾年裡，我對你有著各種期待。對於日漸成長的你，我試圖教導各式各樣的事物。這世界的有趣及美好，我都想盡可能讓重要的你知道。

想必對你來說，那些並不全都有趣，煩人的應該也很多。其中別說是擴大你人生的可能性了，應該也有不少是以我的價値觀的強迫推銷做結。而如此大量的書寫，我想也是離不開孩子的傻老爸的典型作爲。

從你出生那天起，都已過了20幾年！這速度之快實在令人難以置信。那個曾經的小傢伙終究要振翅高飛，進入社會了。該走哪條路，希望你務必忠於自己的慾望來選擇。因爲你的世界只有你自己能決定！只要從爲數衆多的正確答案裡選一條自己喜歡的路，然後一股腦兒地往前邁進就行。

不必轉身，不需回頭，只要一邊前進一邊思考需要什麼，才能讓自己的人生充實即可。什麼父母的期望、要孝順父母之類的，全都不必考慮！因爲當你用小小的手奮力握住我無名指的那一刻，就已經盡完一輩子份的孝道。我眞的很幸福，幸福到都不記得在你們出生前我到底是怎麼活的。因爲有你們的出生、因爲這二十幾年來有你們與我共度時光，所以我比這世上的任何人都更幸福快樂。

我相信你這個人的潛力，所以我並不擔心。整體而言，依我自己至今爲止的經驗來判斷，只要你願意努力發揮與生俱來的特質，就一定可以走出自己的路。

我深信將來你的力量，必定能對他人有很大助益。在這方面，我心中並無絲毫憂慮，你一定沒問題的！

日本和美國的小學開學典禮，你兩邊都體驗過了。四月剛進小學，好不容易才跟朋友熟起來，過了一個學期竟然就立刻被拆散，突然被丟進美國當地小學九月的開學典禮。別說是文化差距了，就連語言都完全不通，儘管如此，你還是每天去上學，花費幾個月的時間努力學習英文，短短半年就適應了新環境。

結果幾年後，又被迫離開好不容易才習慣的美國生活與好朋友們，以歸國子女之姿回到日本，爲了適應各種繁瑣事物而吃盡苦頭的經驗，你也曾有過。經歷了兩次如此重大的環境變化，實際體會過尚未適應時的龐大壓力等，這些就是你珍貴的財產。所以你一定沒問題的！

肯定還有過很多其他的事情，對吧？應該不只有成功的經驗才對。一定也有許許多多的失敗、痛苦、令人不願想起的事、讓人後悔的事。不只是你，人如果都活了20年，必定有過各式各樣的經驗。痛苦、辛勞、挫折感，經歷過越多這類事情的人，對壓力就越有免疫力。因此，至今爲止的每一次痛苦與失敗都是你寶貴的財產，而今後你所將經歷的痛苦與失敗亦然。其實痛苦與失敗才是琢磨自己的最佳磨刀石，所以不要害怕挑戰！你一定沒問題的！

今後你將自由描繪身為主角的你的世界，你將選擇自己喜歡的路，失敗了就重新再選，總之，只要徹底享受人生即可！儘管會有煩惱，會有失敗，也只要以自己的方式，找出答案並往前邁進即可。

若真覺得精疲力竭，就好好休息一下再慢慢重新站起來。你沒問題的！只要去挑戰，你必定能成為某一號人物。所以我希望你能步步為營，務必小心守護內心深處相信自己的那「火種」。

我只希望你的人生，能夠如你所願地發光發熱。

對於未來的你，我只有一件事想說——

你會去什麼樣的世界旅行呢？我好想知道。

希望有一天，能好好聽你說說你的觀點。

對於我在此提出的觀點，希望你能加以修正、更新。

在那之前，我會再稍微努力提升我的獵人技巧，讓我們一起享用美味的野豬肉吧……

獨當一面的你，此後將成爲一名專業人士，而我也將以一名專業人士之姿，繼續我的旅程。儘管我們永遠都是父女，不過，就專業的身分而言，是對等的。我衷心期盼終有一天我們能以專業人士的身分，面對面地聽你聊聊你的冒險故事。

一路書寫至此，累積的分量相當可觀。雖然寫了一大堆，但其實一開始我最想告訴你的只有這句——

「謝謝你成為我的孩子！」

父筆

【結語】

你一定能夠飛得更高更遠！

所謂的職業生涯，就像是連跑幾十年的馬拉松，畢業求職不過是起頭的第一步而已。因此，望子成龍、望女成鳳的父親，該要告訴孩子的核心內容，其實應聚焦於，**如何以社會人士身分，使自身漫長職涯得以成功的根本原則**？

我的四個孩子都將各自找到自己的方向，成爲社會新鮮人，而他們未來將如何繼續飛翔呢？在與一帆風順相距甚遠的現實之中，該怎麼做才能夠不論挫折、跌倒依舊幸福快樂呢？在拼命思考這些事情的本書中，充滿了身爲父親的我的糾結與期盼。

除了本書外，我這個離不開孩子的傻老爸，也曾爲孩子的未來寫過其他私人長篇手稿。這次之所以決定首度將其中一篇公諸於世，主要是希望能藉此讓更多活化職涯的人們出現，使社會的未來更加光明。既然都出版了，我就全心祈禱本書能夠為煩惱職涯或人生的人，帶來某些新發現或新的刺激，進而對人們有所助益。

我的意見，想必會讓不少讀者們覺得，我硬要人成為寓言故事《螞蟻與蚱蜢》中的「螞蟻」，實在是好嚴厲又艱苦。總之，聽起來就是要「依據目的，把自己的特質變成優勢，然後持續磨練，至死方休！」應該有很多人會直接地反應說：「感覺好艱辛！」「哪有辦法一直這麼努力！」我是個天生的懶惰鬼，從小對寫漢字習題之類必須腳踏實地累積努力的功課，總是感到痛苦萬分，從來都沒能好好完成，所以這種心情我很能體會。

正因如此，我才會不厭其煩地一再強調，要專注於「自己喜歡的事情」。**不是自己喜歡的，努力就無法持續**。若是連喜歡的都沒辦法努力，那就表示這個人任何事情都無法努力；亦即這個人不可能學得到任何相對值得一提的技能。只想遵循資本主義社會的規則，做好心理準備甘願承受任何結果衝擊，一直過著蚱蜢那樣的生活就好。若這是你依據自己的目的所做出的「選擇」，就沒什麼不對。

但你最好相信「**如果是真正喜歡的事**，**人就能夠一再努力**。」在這社會上，有留下成就而被稱做優秀專業人士的人們，全都是「能夠在該道路上，一再累積努力的人」，而他們其實就是**發現了「自己喜歡而能夠努力的事」的「成功發現者」**。

仔細傾聽你內心的聲音，找出讓你感覺有趣的職能並投入，於其中一邊工作一邊擴大你的世界，然後再進一步找出能讓你沉迷的元素。一旦找出喜歡的事情，其實如螞蟻般的生活，根本就一點兒也不艱辛。

必須要變得更強才行。這話不只是針對下一代的年輕人而已，實際上，構成社會主要力量的我們這些「大人」，更是必須變得更強才行。每個人都該培養更好的能力，並透過自我實現來活化社會，再不加速這樣的循環，就眞的要來不及了；因爲我們現在正處於，能否將曾經富裕的社會託付給下一代的緊要關頭。

過去曾佔據全球經濟16％的日本，經歷了空白與停滯的「平成30年」，被不斷成長的世界給拋在後頭，成了今日僅佔6％的狀態。明明曾是亞洲絕對唯一的已開發國家，現在卻連人均ＧＤＰ都早已跌落亞洲冠軍寶座。再加上少子高齡化的持續進展，情況想必會更加速惡化。

一旦整個國家都變窮，我們就會變成一個普通人無法過著普通生活的社會。

輕鬆悠哉也能活得下去的年代已經結束，在市場縮小、競爭環境日益惡化的將來，「高度可靠社會」將無法維持。若不早點做些什麼來因應，很可能會成爲一個野蠻粗暴的國家。「令人厭惡的時代」必將到來。

日本的求生之道，就在於及早強化社會結構，以大量產出可活化社會的人才。這看似繞了一大圈，但我深信押寶在教育上的做法，其實才是國家重生的「重心」。必須讓各個領域產生出更多的眞正專業人士。必須要有機制，讓有爲青年從中冒出頭來，以開創新事業及產業才行。

今日，在即將進入社會的年輕世代中，肯定也存在有「未來的孫正義」或「未來的鈴木敏文」。現在在這一瞬間，應該也有幾十年後將開創大事業的、我們還不認識的年輕人，正要於某處踏入社會。這些人可能就是本書的讀者也說不定。我們必須儘早建立出「結構」，好讓更多人的職涯目的意識，有所覺醒，並培養其成爲專業的覺悟與勇氣。

不只是學校教育，家庭教育也很重要。父母幾乎不提工作或金錢等話題的家庭實在太多了。暗自討論的父母固然高尚，但我們必須再多說一些才行。讀了本書的所有人，請務必和自己的孩子、朋友、兄弟姊妹、眾多親朋好友等聊聊工作。

就算無益於對方、就算講的內容不一定正確，都沒關係。不需要說服對方什麼，也最好不要試圖說服對方，只要認眞傾聽該本人目前的想法就好。因爲創造思考的契機，才是最重要的。

必須有越來越多的人能夠提升Self Awareness、擁有可發揮自身特質之職涯策略，並具備足夠的基本素養，能「選擇」理想社會人士該有的狀態。

個人對於「職業生涯」的覺醒有其必要。簡單來說，就是要把不思考自己想做什麼或以忍耐爲預設值的社會，改變成一個人人理所當然地各自朝向自身「慾望」，坦率地豎起旗幟往前邁進的社會。這種資本主義社會的結構，是藉由累積每個人的成功來活化整體。如此坦率度日的人們，必定能在經歷各種體驗、成就專業職涯後，成爲積極活化社會的原動力。

我自己也正走在這種誠實地朝著，自身「慾望」前進的職涯之路上。我的「慾望」，就是要滿足「求知慾」與「成就感」。將費盡心思想出的策略，投入至眞實世界時，到底世界會如何反應？比起那一瞬間心跳加速的感受，其他事情彷彿都已失焦模糊。那樣的刺激令我極度亢奮，感覺就像是自己正是爲了嚐到那瞬間亢奮的脈動滋味，才誕生在這世上！

所以我是這麼想的。既然要想策略、做行銷，那麼我想創造一個對三十年、五十年後，甚至是對一百年後的社會，有所幫助的改變起點！錢再多，死了也帶不走，留下來也只會導致無意義的爭奪，只會成爲衝突的種子。但若是能留下可持續發展的「事業」、若是能留下對下一代有幫助的「專業知識與技巧」，那我應該就能微笑著離開這世界。

所以我絕不守成，人生就是要全力向前！

完成日本環球影城的經營改造任務後，我在二〇一七年與志同道合的夥伴們，一起創立了行銷精銳團隊「刀」股份有限公司。在「刀」目前所進行的數個專案中，有一些難度甚至比日本環球影城的重建還更高。雖然已經公開的只有沖繩的新主題樂園專案，但還有其他具挑戰性的任務在同時進行，很快便能有顯著的成果。「刀」所挑戰的舞台橫跨多種業界，儘管每個案子各有不同狀況，但我每天都再次體認到，不論在哪個戰場上，行銷的本質都是不變的。

我深信，企業若是想生存下去，國家今後若是想繼續富裕，行銷是決定性的關鍵。我眞的很高興自己培養了行銷這一職能，在徹底研究了行銷本質的系統化後，我終於建立出了屬於我的「森岡方法」。就像改變了日本環球影城般，那是一種能把不會行銷的公司，變成會行銷的公司的專業知識與技巧。

我筆直地朝著那個方向豎起了旗幟。今後我也將與夥伴們齊心協力，使「刀」全力運作，希望能讓社會變得更有活力。

「這世界很殘酷，但你確實還是能夠自己做選擇！」

爲了讓各位僅此一次的人生閃耀光輝並活出自己，透過本書，我盡全力傳達了我的知識與技巧。希望選了本書的每個人，都能找出各自的目的，朝著自由的職涯成功目標展翅高飛。

只要充分瞭解自己與生俱來的天性、只要知道怎樣飛翔才能夠徹底發揮自身特質，你就一定能夠飛得比現在更高、更遠！

本書雖是源自於離不開孩子的父親心中的矛盾糾結，但若有幸能與每個思考職涯的人們一一相遇，人生之樂莫過於此。在此感謝願意給我這個怪人機會的Diamond出版社的龜井先生。

對於閱讀至此的每位讀者，我要致上最深的謝意。

希望大家的職涯都能發光發熱！眞的非常感謝！

「用行銷振興日本！」

森岡 毅

「刀」股份有限公司　代表董事CEO

來談談那些痛苦的事吧！

商務人士的父親為孩子所寫下的「工作本質」

作　　者｜森岡毅 Tsuyoshi Morioka
譯　　者｜陳亦苓 Bready Chen
發 行 人｜林隆奮 Frank Lin
社　　長｜蘇國林 Green Su

出版團隊
總 編 輯｜葉怡慧 Carol Yeh
日文主編｜許世璇 Kylie Hsu
企劃編輯｜許世璇 Kylie Hsu
責任行銷｜黃怡婷 Rabbit Huang
封面設計｜倪旻峰
版面構成｜譚思敏 Emma Tan

行銷統籌
業務處長｜吳宗庭 Tim Wu
業務主任｜蘇倍生 Benson Su
業務專員｜鍾依娟 Irina Chung
業務秘書｜陳曉琪 Angel Chen、莊皓雯 Gia Chuang
行銷主任｜朱韻淑 Vina Ju

發行公司｜悅知文化　精誠資訊股份有限公司
105台北市松山區復興北路99號12樓
訂購專線｜(02) 2719-8811
訂購傳真｜(02) 2719-7980
專屬網址｜http://www.delightpress.com.tw
悅知客服｜cs@delightpress.com.tw
ISBN：978-986-510-058-2
建議售價｜新台幣350元　　初版一刷｜2020年06月

國家圖書館出版品預行編目資料

來談談那些痛苦的事吧！商務人士的父親為孩子所寫下的「工作本質」／森岡毅著；陳亦苓譯. -- 初版. -- 臺北市：精誠資訊, 2020.06
面；　公分
ISBN 978-986-510-058-2平裝)
1. 職場成功法　2. 自我實現
494.35　　109001739

建議分類｜職場成功法・心理勵志